国家重点基础研究计划(973 计划)项目(2015CB251600)资助
国家自然科学基金项目(51264035、51504182)资助

低透气性煤层外错高抽巷卸压瓦斯抽采技术研究

王红胜　著

中国矿业大学出版社

内 容 提 要

本书以李雅庄煤矿低透气性煤层为研究对象,以提高采场覆岩卸压瓦斯抽采效果和解决采煤工作面隅角瓦斯超限难题为切入点,综合采用理论分析、物理模拟、数值模拟、实验室实验、工业性试验等研究方法,对低透气性煤层外错高抽巷卸压瓦斯抽采技术展开了系统的研究。首先,建立外错高抽巷围岩结构力学模型,提出了采用外错高抽巷抽采相邻两区段工作面覆岩采动卸压瓦斯方法。其次,基于采场覆岩采动裂隙及应力分布特征,确定外错高抽巷布置参数及高位钻孔终孔布置合理参数。最后,基于高位钻孔测斜结果,提出了高位钻孔角度补偿纠偏方法,提高了高位钻孔卸压瓦斯抽采效果。研究成果为低透气性煤层安全高效开采提供理论指导与技术支持。

本书可供从事煤矿地下开采、卸压瓦斯抽采、煤矿井下灾害防治及相关领域科研人员和工程技术人员参考使用,亦可作为普通高校研究生和高年级本科生参考用书。

图书在版编目(C I P)数据

低透气性煤层外错高抽巷卸压瓦斯抽采技术研究/
王红胜著. —徐州:中国矿业大学出版社,2017.5
　　ISBN 978 - 7 - 5646 - 3273 - 1

　　Ⅰ. ①低… Ⅱ. ①王… Ⅲ. ①煤矿—瓦斯抽放—研究
Ⅳ. ①TD712

　　中国版本图书馆 CIP 数据核字(2016)第 237238 号

书　　名	低透气性煤层外错高抽巷卸压瓦斯抽采技术研究
著　　者	王红胜
责任编辑	潘俊成　孙建波
出版发行	中国矿业大学出版社有限责任公司
	(江苏省徐州市解放南路　邮编 221008)
营销热线	(0516)83885307　83884995
出版服务	(0516)83885767　83884920
网　　址	http://www.cumtp.com　E-mail:cumtpvip@cumtp.com
印　　刷	江苏凤凰数码印务有限公司
开　　本	787×1092　1/16　印张 10.25　字数 312 千字
版次印次	2017 年 5 月第 1 版　2017 年 5 月第 1 次印刷
定　　价	40.00 元

(图书出现印装质量问题,本社负责调换)

前　言

　　李雅庄煤矿为霍州煤电集团唯一的低透气性高瓦斯矿井,工作面回采前,采用了本煤层瓦斯抽采技术,但因煤层透气性低,抽采效果不佳,导致了工作面回采过程中上隅角瓦斯易超限,给工作面安全高效回采埋下了重大隐患。工作面回采后,采场上覆岩层会发生运移和破断,覆岩层内将产生大量裂隙,这些裂隙是瓦斯储存、流动的场所和通道。受采动影响,煤层卸压后大量瓦斯沿顶板裂隙进入裂隙带,如果将抽采钻孔或高抽巷布置在裂隙带内将有效提高卸压瓦斯抽采效果,避免工作面隅角瓦斯超限。因此,开展低透气性煤层外错高抽巷卸压瓦斯抽采技术研究,准确掌握覆岩采动裂隙分布特征,合理确定外错高抽巷和抽采钻孔参数成为低透气性煤层外错高抽巷卸压瓦斯抽采的关键。因此,本书以李雅庄煤矿低透气性煤层为研究对象,以提高采场覆岩卸压瓦斯抽采效果和解决采煤工作面隅角瓦斯超限难题为切入点,综合采用理论分析、物理模拟、数值模拟、实验室实验、工业性试验等研究方法,对低透气性煤层外错高抽巷卸压瓦斯抽采技术展开了系统的研究。

　　首先,提出了外错高抽巷布置方式及其内涵。对于上、下相邻区段工作面,外错上区段工作面布置顶板走向高抽巷,前期在高抽巷内布置高位钻孔抽采上区段工作面覆岩采动卸压瓦斯,后期采用高抽巷抽采下区段工作面覆岩采动卸压瓦斯;高抽巷可服务于上、下区段两个工作面卸压瓦斯抽采,有效解决了相邻两工作面上隅角瓦斯超限难题和实现了高抽巷"一巷两用"。其次,提出了外错高抽巷高位钻孔卸压瓦斯抽采技术。基于分析采场覆岩采动裂隙及应力分布特征,提出了在外错高抽巷内采用高位钻孔抽采上区段工作面覆岩采动卸压瓦斯技术,确定了高位钻孔合理终孔位置,解决了工作面上隅角瓦斯超限难题,保障了工作面安全高效开采。最后,提出了钻孔角度补偿纠偏方法及纠偏效果评价方法。为解决高位钻孔钻进过程中的偏斜难题,采用钻孔测斜仪测出钻孔偏斜角度,然后在钻孔施工过程中对钻孔设计角度进行相反方向的角度补偿,当纠偏角度较小时,纠偏后钻孔轨迹与钻孔设计轨迹的偏斜在可接受范围内,纠偏精度能满足要求。对钻孔纠偏效果进行了评价,提出了纠偏效果评价指标 k,当钻孔实际轨迹接近其设计轨迹时,k 值就越小,表明钻孔纠偏效果越好。该方法基本解决了钻孔偏斜问题,提高了高位钻孔卸压瓦斯抽采效果。

　　全书共9章。第1章介绍了本书的研究背景、意义和国内外研究现状,提出了本书的研究内容与方法。第2章建立了外错高抽巷围岩结构力学模型,提出了外错高抽巷"一巷两用"的布置方法。第3章分析了采场覆岩破断特征与采动裂隙动态演化规律,掌握了采场覆岩采动裂隙演化过程时空关系和工作面上端头覆岩采动裂隙"分区"分布特征,初步确定了高位钻孔终孔布置层位。第4章对高抽巷布置方式及布置层位进行了优化分析,确定了高抽巷合理布置方式、高抽巷合理外错距离与垂直布置层位。第5章分析了外错高抽巷高位钻孔卸压瓦斯运移规律,得到了采场覆岩卸压瓦斯运移规律,初步确定了高位钻孔终孔布置层位。第6章采用钻孔窥视技术分析了采场覆岩采动裂隙分布特征,并在外错高抽巷内布置高位钻孔进行卸压瓦斯抽采试验,基于抽采效果确定了高位钻孔终孔合理位置。第7章开展了高位钻孔测斜分析,基于钻孔测斜结果,提出了角度补偿纠偏方法及纠偏效果评价指标,确定了钻孔合理纠偏技术方案。第8章开展了外错高抽巷高位钻孔卸压瓦斯抽采工业性试验分析。第9章对本书所做的工作进行了总结。

本书在成书过程中,参阅了大量国内外相关专业文献,给予了作者很大启发,在此谨向文献作者表示诚挚感谢。本著作是在西安科技大学李树刚教授悉心指导下完成的,在此谨向李树刚教授致以崇高敬意和诚挚感谢。感谢中国矿业大学张东升教授、西安科技大学伍永平教授、来兴平教授给予的关心与支持。感谢课题组马立强教授、王旭锋教授、范钢伟副教授、张天军教授、许满贵教授、林海飞副教授、董国伟副教授、刘浪副教授给予的帮助。感谢霍州煤电集团张小康副总工程师对作者在霍州煤电挂职锻炼期间给予的关心与支持。感谢霍州煤电集团李雅庄煤矿解俊祥矿长、樊启文总工程师、王永奎副总工程师、杨康峰副总工程师以及其他工程技术人员在我挂职锻炼期间和工业性试验过程中给予的大力支持。感谢郭正超、双海清、由临东、杜政贤、李森林、李斌等研究生参与部分研究工作。

卸压抽采技术是提高低透气性煤层瓦斯抽采效果的有效途径之一,本书基于霍州煤电集团李雅庄煤矿开采技术地质条件,提出了外错高抽巷卸压瓦斯抽采技术并开展了相关研究工作,由于作者水平所限,书中难免存在疏漏或谬误之处,恳请专家及读者批评指正。

作　者

2016 年 9 月

目 录

1　绪　论

1.1　研究的目的及意义

我国是世界上煤层瓦斯储量最丰富的国家之一,瓦斯是一种可燃气体,其高热、清洁和环保性等优点是其他能源所无法比拟的[1]。但部分矿井没有充分抽采利用瓦斯,常造成矿井事故发生,尤其是一些重特大事故。新中国成立以来,全国煤矿共发生 24 起一次死亡百人以上的特别重大事故,共死亡 3 840 人;其中瓦斯事故 21 起,死亡 3 437 人。虽然近些年瓦斯事故整体有所减少,但死亡人数仍然很多,瓦斯治理形势依然严峻[2-5]。20 世纪 50 年代我国开始高透气性煤层瓦斯抽采技术研究,但与美国、俄罗斯、澳大利亚等国煤层瓦斯赋存相比,我国煤层瓦斯赋存总体表现为低渗、低压、低饱和度且地层能量普遍不足等特点。95％以上的高瓦斯和突出矿井开采煤层属于低透气性煤层,透气性系数只有 $10^{-3} \sim 10^{-4}$ md 数量级,瓦斯抽采半径小,瓦斯抽采浓度低,造成抽采率低下[6-8]。因此,提高低透气性煤层瓦斯抽采效果,降低煤层瓦斯含量和压力,达到减少或避免瓦斯灾害事故的发生。

长期工程实践表明,增加低透气性煤层的透气性是治理这类煤层瓦斯的关键。工作面回采后,受采动影响,一方面采场上覆岩层会发生运移和破断,覆岩层内将产生大量采动裂隙;另一方面采场覆岩裂隙区域的透气性增加了几百倍,此时是瓦斯抽采的最佳时机[9-10]。这些采动裂隙是瓦斯储存、流动的场所和通道,煤层卸压后,大量瓦斯沿顶板裂隙进入裂隙带,若将抽采钻孔或巷道布置在裂隙带内,则将有效提高卸压瓦斯抽采效果,避免工作面上隅角瓦斯超限。目前,卸压瓦斯抽采方法主要有巷道抽采和钻孔抽采。钻孔抽采具有钻孔布置灵活、施工简单、见效快等优点,被广泛应用于低透气性煤层瓦斯抽采中。高抽巷具有抽采时间长、抽采半径大、抽采效果显著等优点,也被广泛应用。合理的高抽巷层位及钻孔终孔位置决定了卸压瓦斯抽采效果,但确定高抽巷层位及钻孔终孔位置要考虑岩层岩性、采动影响强弱程度、覆岩采动裂隙发育程度及分布特征等因素影响,若高抽巷层位及钻孔终孔位置不合理,则形成抽采盲区,降低抽采效果,易致使工作面上隅角瓦斯超限。因此,如何将高抽巷抽采技术和钻孔抽采技术相结合,提高卸压瓦斯抽采效果,同时也提高高抽巷利用效率,成为急需解决的问题[11-13]。

李雅庄煤矿为霍州煤电集团唯一的低透气性高瓦斯矿井,目前六采区正在回采 2 煤层,工作面回采前,在上下顺槽内向煤层布置顺层平行钻孔预抽煤层瓦斯,预抽时间约为 2 a。由于煤层透气性低,顺层平行钻孔预抽效果差,导致回采过程中工作面上隅角瓦斯易超限,给工作面安全高效回采埋下严重隐患。为解决上隅角瓦斯超限难题和提高高抽巷利用效率,本书提出了相邻两工作面共用高抽巷卸压瓦斯抽采技术,对覆岩采动裂隙发育特征、高抽巷合理层位、抽采钻孔终孔位置及钻孔测斜与纠偏等关键问题进行系统分析,以便解决相邻两工作面上隅角瓦斯超限难题,实现高抽巷的"一巷两用"。因此,开展低透气性煤层外错高抽巷卸压瓦斯抽采技术研究,准确掌握采场覆岩采动裂隙分布特征,合理确定外错高抽巷和抽采钻孔参数,避免相邻两工作面上隅角瓦斯超限事故,保障李雅庄煤矿低透气性煤层安全高效开采;也为类似地质条件矿井推广应用卸压瓦斯抽采技术,实现一巷多用等都具有重要的理论意义和实践价值。

1.2 国内外研究现状

1.2.1 覆岩采动裂隙动态分布规律研究现状

对于覆岩采动裂隙动态分布规律的研究,国外的 M. Karmis、G. J. Hasenfus、M. Bai 和 V. Palchik 等认为长壁开采覆岩存在三个不同的移动带[14-17]。刘天泉院士等对我国煤矿开采覆岩破坏与导水裂隙分布作了大量的实测和理论研究,对采场上覆岩层移动破断与采动裂隙分布规律提出了"横三区"、"竖三带"的总体认识,即沿工作面推进方向覆岩将分别经历煤壁支承影响区、离层区、重新压实区,由下往上岩层移动分为垮落带、断裂带、整体弯曲下沉带;得出计算导水裂隙带高度的经验公式,并指导了许多煤矿的水体下采煤试验[18-19]。随着覆岩离层区充填减沉技术在我国煤矿的应用,国内许多学者对覆岩离层进行了多方面的研究[20-21]。

由于对岩层内部移动的动态过程难以清楚地了解,因而难以掌握岩层采动裂隙动态发育规律,这显然不能更好地适应煤矿绿色开采实践的需求。为了解决岩层控制中更为广泛的问题,钱鸣高院士等于 1996 年提出了岩层控制的关键层理论,它为深入研究岩层内部移动的动态过程和岩层采动裂隙动态分布规律提供了强有力的理论工具[22-25]。关键层理论的基本学术思想为:由于成岩时间及矿物成分不同,煤系地层形成了厚度不等、强度不同的多层岩层,其中一层至数层厚硬岩层在岩层移动中起主要控制作用,将对岩体活动全部或局部起控制作用的岩层称为关键层。关键层判别的主要依据是其变形和破断特征,即在关键层破断时,其上部全部岩层或局部岩层的下沉变形是相互协调一致的,前者称为岩层活动的主关键层,后者称为亚关键层。也就是说,关键层的断裂将导致全部或相当部分的上覆岩层产生整体运动。覆岩中的亚关键层可能不止一层,而主关键层只有一层。为了弄清开采时由下往上传递的岩层移动动态过程,并对岩层移动过程中形成的采场矿压显现、煤(岩)体中水与瓦斯的流动和地表沉陷等状态的变化进行有效监测与控制,关键在于弄清关键层的变形破断及其运动规律以及在运动过程中与软岩层间的相互耦合作用关系。

基于关键层理论,对覆岩采动裂隙的动态分布规律进行了深入研究,有关研究成果归纳总结如下:

(1)岩层移动过程中的离层主要出现在各关键层下,覆岩离层最大发育高度止于覆岩主关键层。当相邻两关键层复合破断时,尽管上部关键层的厚度与硬度比下部关键层大,其下部也不会出现离层。

(2)沿工作面推进方向,关键层下离层动态分布呈现两阶段发展规律:即关键层初次破断前,随着工作面推进,离层量不断增大,最大离层位于采空区中部。关键层初次破断后,关键层在采空区中部离层趋于压实,而在采空区两侧仍各自保持一个离层区。工作面侧的离层区是随着工作面开采而不断前移的,工作面侧离层区最大宽度及高度仅为关键层初次破断前的 $1/3 \sim 1/4$。从平面看,在采空区四周存在一沿层面横向连通的离层发育区,称之为采动裂隙"O"形圈。沿顶板高度方向,随工作面推进离层呈跳跃式由下往上发展。

(3) 贯通的竖向破断裂隙是水与瓦斯涌入工作面的通道,故也称其为"导水、导气"裂隙。"导水、导气"裂隙仅在覆岩一定高度范围内发育,其最大发育高度与采高及岩性有关。对"导气"裂隙发育动态过程的研究表明,在开采初期,下位关键层的破断运动对"导气"裂隙从下往上发展的动态过程起控制作用,导气裂隙高度由下往上发展是非匀速的,随关键层的破断而突变。当采空区面积达一定值后,"导气"裂隙的分布也同样呈"O"形特征,它是正常回采期间邻近层卸压瓦斯流向采空区的主要通道。

长期研究结果表明[23]:岩石在长期的地应力的作用下,往往产生裂隙而出现碎裂或变形。人们对岩石变形或破裂的研究已积累了丰富的资料,也有了较系统的认识。20 世纪 60 年代以来,国外一些学者对自然界岩石的形变与实验岩石的形变、对宏观构造与微观构造之间的联系做了大量的研究工作,取得了一系列的实验数据。近年来,我国学者也从不同的角度着手对岩石形变及其力学性质加以鉴定,并在工程地质、地震地质等方面进行了大量的实地测量和实验研究。

近年来,一些学者应用分形理论对煤(岩)体的裂隙面粗糙度、裂隙分布的复杂程度及裂隙分布与煤(岩)体的某些力学相关关系进行了较深入的研究[26],但是多以研究小尺度的煤(岩)样和大尺度的断层体系为主,很少涉及中等尺度下采场、巷道裂隙的分布状况。

顶板覆岩受采动影响,对岩层裂隙的演化过程的研究经历了很长一段时间。随着近 20 年岩石断裂力学的发展,岩石研究的测试手段和测试技术提高,同时岩石受力分析的大型计算模拟软件的研制成功,对岩体中的连续节理裂隙可模拟为裂纹,对受力岩体过程分析不再是简化为完全的均匀体,而作为有众多不连续裂纹分割的裂隙体。运用断裂力学理论,可以分析岩体中节理裂隙的起裂、扩展、贯通以及岩体局部破坏的时空演化过程,从而揭示岩体整体失稳的破坏机制[27]。通常情况下,岩石裂隙由起始扩展到失稳扩展,直到最终破坏的演化过程中,同时存在着损伤与断裂两种缺陷的积累和发展,岩体中分布原生裂隙的缺陷对新生裂隙的演化扩展有很大影响。岩体的破坏与失稳,总是伴随原有裂隙、结构面的演化、发展和贯通,同时还会在岩体内部弱面上产生新裂隙。

对因环境条件逐渐恶化致使岩体中裂隙随时间不断蠕变、演化,进而生产宏观断裂及扩展,最终导致岩体由局部破坏发展到整体失稳[28]。Griffith 运用能量平衡原理对脆性材料进行了断裂强度分析,Griffith 理论虽然是 70 多年前建立起来的理论,但目前还是断裂理论的基础,该理论认为固体的破坏是裂纹扩展的结果,而裂纹扩展的条件[29]是由裂纹扩展时所释放出的弹性应变能和形成新表面所吸收的表面能之间的失稳现象所引起的。由于裂纹的形状、大小和方向各不相同,所以裂纹边缘上的应力集中也各不相同;当外力恒定时,各裂纹引起的应力集中的数量也各不相同;当其中应力达到材料的临界值,裂纹就开始扩展,同时释放出应变能;当释放出来的弹性应变能大于形成新表面所需要的表面能时就会导致岩体的突然破坏[30-31]。

钱鸣高、缪协兴提出了煤层开采后上覆岩层中会形成两类裂隙[22]:一类是离层裂隙,是随岩层下沉在层与层之间出现的沿层面裂隙,它使煤层产生膨胀变形而使瓦斯卸压;另一类裂隙为竖向裂隙,是随岩层下沉破断形成的穿层裂隙,它是沟通上、下岩层间瓦斯以及水的通道。《开采解放层的认识与实践》总结了保护层分带规律,提出沿走向可以分为 4 个带:正常压力带、集中应力带、卸压带和应力恢复带;在研究残余瓦斯压力与层间瓦斯排放问题时,在垂直方向上也分了 3 带:大裂隙带、裂隙带、弹塑性变形带。利用相似材料模型实验,研究了煤层开采后上覆岩层中的裂隙分布,并且用离层率 f 指标来定量研究离层裂隙的发育程度,它反映了单位厚度岩层内离层裂隙的高度。测定上、下岩层的下沉量和岩层层间距求得离层率。

2000 年,李树刚等通过相似模拟实验分析了采动后覆岩关键层活动特征对裂隙带分布形态的影响,首次提出了上覆岩层中破断裂隙和离层裂隙贯通后在空间形成椭抛带分布特征[32-33]。

2003 年,程远平、俞启香、袁亮等运用数值模拟和现场试验相结合的研究方法,研究上覆远程卸压岩体移动和裂隙分布以及远程卸压瓦斯的渗流流动特性,提出了符合远程卸压瓦斯流动特性的远程瓦斯抽采方法[34]。

2004 年,石必明、俞启香、周世宁等通过对缓倾斜煤层保护层开采远距离煤岩破裂变形的研究,得出覆岩垮落及裂隙演化规律[35]。刘泽功研究了受采动影响采场覆岩裂隙的时空演化机理[36]。结果表明,采场覆岩在采动过程中,岩层之间产生不一致性的连续变形,这种岩层间的不协调变形将形成岩层移动中的各种裂隙分布。受采影响覆岩的变形是由下至上逐层递进发展的,所以也会产生短期的离层。覆岩中的离层和纵向破断裂存在着张开和闭合,从产生、发展到最终闭合是一个动态演化过程。模拟试验研究发现,对于处在采空区的不同空间位置的上覆岩层,其裂隙演化过程所经历的时间周期完全不同,在采空区上下风巷、工作面上方和开切眼区域,顶板岩层中裂隙充分发育后将可以保持相当长的时间周期。

2005 年,石必明、俞启香基于相似材料模型试验,首次应用非接触式数字近景摄影技术研究远距离保护层开采过程中覆岩微变形移动特性,得出在远距离保护层开采时,被保护层位于弯曲下沉带内,它在一定范围内发生膨胀变形,引起煤层透气性增大[37]。

1.2.2 采动卸压瓦斯运移规律研究现状

国内外煤层气抽采方法分为采前预抽与采后卸压抽采两类。煤(岩)体的裂隙构成瓦斯流动通道,它对瓦斯抽出率起决定作用。煤层开采时岩层移动形成的采动裂隙导致煤层瓦斯卸压并形成卸压瓦斯的流动通道,煤层气通气性显著增大。卸压瓦斯运移与采动裂隙场的动态分布特征有着紧密的关系。

近年来,采动卸压瓦斯运移与储集规律研究主要集中在以下三个方面。

(1)瓦斯动力弥散规律研究

对于瓦斯动力弥散规律的研究,多数学者将瓦斯在采空区冒落带中的运移规律视为瓦斯在多孔介质中的动力弥散过程。章梦涛等人所著的《煤岩流体力学》对瓦斯在采空区的动力弥散方程进行了推导,介绍了流体动力弥散方程在一些特殊情况下的解析解,并给出了一些具体实例以说明其用处[38]。蒋曙光、张人伟将瓦斯、空气混合气体在采空区中的流动视为在多孔介质中的渗流,应用多孔介质流体动力学理论建立了综放采场三维渗流场的数学模型,采用上浮加权多单元均衡法对气体流动模型进行了数值解算[39]。丁广骧、柏发松考虑因瓦斯—空气混合气体密度的不均匀及重力作用下的上浮因素,建立了三维采空区内变密度混合气非线性渗流及扩散运动的基本方程组,并应用 Galerkin 有限元法和上浮加权技术对该方程组的相容耦合方程组进行了求解[40]。随后,丁广骧以理论流体力学、传质学、多孔介质流体动力学等基本理论,结合矿井大气、瓦斯流动的特殊性,较详细地介绍了矿井大气以及采空区瓦斯的流动[41]。梁栋、黄元平分析了采动空间空隙介质的特性以及瓦斯在其中的运动特征,提出了采动空间瓦斯运移的双重介质模型[42],之后,梁栋与吴强对该模型进行了完善,并针对具体实例进行了求解[43]。李宗翔、孙广义等人将采空区冒落区看作是非均质变渗透系数的耦合流场,用 Kozery 理论描述了采空区渗透性系数与岩石冒落碎胀系数的关系,用有限元数值模拟方法求解了采空区风流移动,结合图形技术和具体算例,求解了综放工作面采空区三维流场瓦斯涌出扩散方程[44-46]。刘卫群等人应用随机理论及破碎岩体气体的渗流理论和数值分析方法建立了给定条件下采空区渗流分析模型,得到采空区渗流场与瓦斯浓度分布特征[47-48]。胡千庭、兰泽全等人通过数值模拟对采空区瓦斯的流动规律及浓度分布规律进行了数值模拟[49-50]。鹿存荣、杨胜强等人通过引进 Ergun 单相流半经验非线性渗流公式,结合连续性方程、动量方程、瓦斯动力弥散方程,建立了采空区流场的渗流模型,模拟预测并分析了采空区的风流速度场及瓦斯浓度场[51]。

(2) 瓦斯升浮—扩散规律研究

对于此方面的研究,学者们主要是分析煤层采动后,上覆岩层所形成的裂隙形态,进而分析其中瓦斯的运移规律。

近年来的研究表明,综放开采后上覆岩层所形成的形态并非是传统意义上的"三带"特征,而是随着工作面的推进裂隙分布特征亦随之变化。钱鸣高、许家林基于关键层理论,应用模型实验、图像分析、离散元模拟等方法,提出煤层采动后上覆岩层采动裂隙呈两阶段发展规律并形成"O"形圈分布特征,将其用于指导淮北桃园矿、芦岭矿卸压瓦斯抽放钻孔布置,取得了显著效果[22,52-53]。之后,刘泽功、叶建设基于煤层采动后上覆岩层所形成的"O"形圈分布特征,探讨了采空区顶板瓦斯抽放巷道的布置原则,并应用流场理论分析了实施顶板抽放瓦斯技术前后采空区等处瓦斯流场的分布特征[54-56]。林柏泉等人通过单元法实验,初步研究了开采过程中卸压瓦斯储集与采场围岩裂隙的动态演化过程之间的关系[57]。李树刚在采动裂隙椭抛带的基础上,应用环境流体力学和气体输运原理,通过瓦斯在裂隙带升浮的控制微分方程组(包括连续方程、动量方程、含有物守恒方程和状态方程并服从相似假定和卷吸假定)计算,得到了瓦斯沿流程上升与源点距离的关系,从而阐述了卸压瓦斯在椭抛带中的升浮—扩散运移理论,并提出了几种抽采卸压瓦斯方法[58]。之后,李树刚、林海飞等基于岩层控制关键层理论,建立了考虑采高及第一亚关键层与煤层顶板间距的采动裂隙椭抛带动态演化数学模型,运用环境流体力学、传质学、渗流力学、采动岩体力学等理论,得到采动煤体应力与卸压瓦斯渗流、纵向破断裂隙区瓦斯升浮以及横向离层裂隙区瓦斯扩散等方程,构建出椭抛带中卸压瓦斯渗流—升浮—扩散综合控制模型[59]。

(3) 卸压煤层瓦斯运移规律研究

在国内,梁冰、章梦涛提出将瓦斯流动看作可变形固体骨架中可压缩流体的流动,得到了采动影响下煤岩层瓦斯流动的耦合数学模型,并研究了松藻打通二矿 7 号煤层开采对邻近层卸压后瓦斯向开采层采空区流动状况[60]。孙培德基于煤岩介质变形与煤层气越流之间存在着相互作用,提出了双煤层气越流的固气耦合数学模型,并通过实测和数值模拟验证了该理论是符合实际生产的[61-62]。梁运培运用达西定律、理想气体状态方程以及连续性方程等,建立和求解了邻近层卸压瓦斯越流的动力学模型,分析了邻近层卸压瓦斯的越流规律,并在阳泉一矿采用岩石水平长钻孔进行了邻近层瓦斯的抽采工作[63-64]。程远平、俞启香等人运用数值模拟和现场试验相结合的研究方法,研究了上覆远程卸压岩体移动和裂隙分布以及远程卸压瓦斯的渗流流动特性,提出了符合远程卸压瓦斯流动特性的远程瓦斯抽采方法[65-66]。林海飞在分析采动裂隙带中卸压瓦斯来源及流态的基础上,运用多孔介质流体动力学、渗流力学等理论建立了瓦斯运移数学模型,并分析了卸压瓦斯运移与采动裂隙动态演化关系[67]。刘洪永、程远平用动量守恒方程(平衡方程)、质量守恒方程(连续性方程)、几何方程(应变—位移方程)和本构方程(应力—应变方程)描述采动变形和位移场,用瓦斯流动连续性方程、瓦斯运动控制方程、煤层瓦斯状态方程和瓦斯含量方程来描述卸压瓦斯流动,建立了煤岩体变形与卸压瓦斯流动气固耦合动力学模型[68]。

1.2.3 裂隙带高度探测方法研究现状

现场实测是确定裂隙带的主要途径,其他的方法都是辅助手段。为了验证现场实测的结果,可以与物理模拟或者数值模拟的结果相比较,以减少误差。目前,现场实测法主要有注水试验法、高密度电阻率法、超声成像法、声波 CT 层析成像法、钻孔窥视技术等。

(1) 注水试验法

注水试验法是采用钻孔双端封堵测漏装置探测两带高度的一种较新的探测方法。它既可以在井下采区附近巷道或硐室内向采煤工作面采空区上方打小口仰孔探测,也可以在观测煤层上方已掘进的专用巷道内布置下垂孔进行探测。

(2) 高密度电阻率法

高密度电阻率法的理论基础是岩石电阻率差异。对于地下一定的岩体,采动以前电阻率是一个定值;采动以后,由于岩石垮落,改变了原生结构构造,同时温度和湿度也发生变化,从而电阻率发生了变化。因此测量同一岩体在不同时间内的电阻率变化,就可能判断岩体的形变过程,确定煤层顶板裂隙带高度。

(3) 超声成像法

超声成像法是使用超声成像数控测井仪对钻孔进行扫描,获得的孔壁图像和曲线直接显示和反映了覆岩破坏和裂隙发育情况,并可以判断裂隙带发育高度。

(4) 声波 CT 层析成像法

声波 CT 层析成像法技术是用人工激发的声波,通过被检测介质的传播,利用传感器接收探测数据,依据一定的物理和数学关系反演物体内部物理量的分布,最后得到清晰的、不重叠的分布图像。由于岩石的声波波速与岩石的物理力学性质有显著的相关性,声波波速与岩石的抗压强度成正比,波速增高,岩体强度增加,岩体完整性好;波速降低,岩体完整性降低。因此,将声波走时层析成像的波速切面与地质剖面进行对比,可得探测结果。

(5) 微地震法

当地下岩石由于人为因素或自然因素发生破裂、移动时,会产生一种微弱的地震波向周围传播,利用在空间上不同方位设置的微地震传感器,以记录这些微地震波的到达时间、传播方向等信息,然后通过有关计算方法确定岩石破裂点(面),即震源的空间位置。根据震源的空间位置和频度,确定覆岩裂隙带高度。

(6) 钻孔窥视技术

钻孔窥视仪可以直接观测到钻孔内部结构,通过已有的巷道向指定方向打钻孔,探测时将探头伸入被测钻孔内,孔内形态可以通过显示器观测,并以图片或录像的形式记录下来。通过探杆刻度计量钻孔深度,推算观测点位置,从而得出覆岩裂隙带高度。

1.2.4 高抽巷研究现状

高位抽放巷是指在开采煤层顶部处于采动影响形成的采动裂隙带内挖掘专用抽采巷道,分为倾向高抽巷和走向高抽巷。其原理就是在煤层开采后,覆岩的裂隙及离层的分布状态对瓦斯的流动产生重大影响,根据采动裂隙椭抛带中瓦斯运移的形态,即升浮—扩散理论,得知离层裂隙既是瓦斯积聚的空间,也是瓦斯流动的通道。将高抽巷置于采动裂隙带,当采动导致覆岩变形垮落后,邻近层及围岩内的原有瓦斯平衡被破坏,由此解吸出的瓦斯沿采动裂隙向采空区流动。高抽巷通过抽采采空区顶板裂隙及垮落带内积存的高体积分数瓦斯,切断上邻近层的瓦斯涌向工作面通道,对采空区下部瓦斯起到拉动作用,从而减少工作面瓦斯涌出,以防瓦斯超限。

在理论研究方面,高抽巷的研究主要针对高抽巷布置方式及巷道参数的优化以及抽采负压、抽采量等参数的设置。肖峻峰、刘如铁、许福利等在理论分析计算的基础上,针对特定地区,采用非线性大变形程序数值模拟了采空区顶板覆岩应力分布和裂隙演化规律及 Fluent 软件对采用走向高抽巷抽采瓦斯系统进行了数值模拟分析,确定了走向高抽巷采空区顶板裂隙带高度以及距回风巷水平投影[69-71]。李文权依据工作面开采后采空区上覆岩层形成的"O"形圈,通过在采煤工作面顶板中合理地布置走向钻孔和开掘高抽巷,配合老塘埋管,对采空区瓦斯进行联合抽放,成功解决了高瓦斯工作面风排瓦斯能力不足和工作面上隅角瓦斯超限的问题[72]。郑艳飞等对阳泉三矿的走向高抽巷抽采技术进行了研究,得出了该技术的优缺点及适用条件,为工作面的安全生产提供了技术保障[73]。

李迎超、张英华等通过 Fluent 软件模拟了不同空间布置参数条件下的高抽巷抽放效果,研究了高抽巷空间布置参数与高抽巷瓦斯抽放效果之间的关系[74]。李月奎进行了低透气性煤层利用倾向高抽巷抽放邻近层瓦斯的研究,指出倾斜高抽巷具有瓦斯抽放量大、抽出率较高的优点[75]。郑艳飞等采用安全学的基本原理及方法,对倾斜高抽巷的布置参数进行了分析,得出了倾斜高抽巷的合理参数,为工作面的安全生产提供了技术保障[76]。杨宏民等针对采煤工作面初采期瓦斯涌出异常、邻近层瓦斯涌出量大的问题,采用伪倾斜后高抽巷配合走向高抽巷的技术,对其抽采技术机理和抽采效果进行了研究,结果表明:伪倾斜后高抽巷能成功解决初采期瓦斯不均衡涌出和频繁超限的难题[77]。

贾天让、谢劲松等针对"三软"煤层高瓦斯综采面高抽巷瓦斯抽放技术进行了研究,解决了"三软"厚煤层综采面过高瓦斯区瓦斯超限的问题,并指出"高抽巷"能否取得较好的抽放效果,关键是抽放巷道一定要处于采动裂隙带内[78-79]。崔永杰、郭有慧等对采用后伪高抽巷治理瓦斯效果进行了研究,实践证明该技术可减短初采期时间,降低工作面的供风量和风排瓦斯量,有效解决综采工作面初采瓦斯超限的问题[80-81]。近几年来,有关学者从不同的角度对高抽巷治理瓦斯进行了研究,樊玉安、何重伦等以建新煤矿 1115 高位巷为例,分析研究了其"一巷两用"的实施与效果[82];颜智、李树清等提出了 3 种巷道的"一巷两用"瓦斯抽采技术,从理论和操作上对这些技术进行了可行性分析,并探讨了钻场布置和钻孔设计、施工的技术要点[83];李晓华、韩真理等在松河矿井 1031 工作面顶板上方布置高位巷,从高位巷内向下施工穿层钻孔,在掘进前预抽掘进条带瓦斯,利用高位巷在工作面回采时抽采采空区上部卸压瓦斯[84];石开阳在盛远煤矿 31106 工作面顶板上方布置高位巷,从高位巷内向下施工穿层钻孔,在掘进前预抽掘进条带瓦斯,利用高位巷在工作面回采时抽采空区上部卸压瓦斯[85]。

以上有关高抽巷的研究涉及了高抽巷的抽采理论、高抽巷空间布置参数、高抽巷抽采流量参数等方面,但主要是从高抽巷抽采的某一个侧重点进行了分析研究,缺少对影响高抽巷抽采的主要因素(包括高抽巷布置的空间层位参数与高抽巷抽采的流量参数以及高抽巷不同的垮落特性条件等)有机结合起来进行较全面的分析研究,对于复杂多变的现场实际情况来说,缺乏一定的系统性;"一巷两用"技术拓宽了巷道的用途或延长了服务时间,在保证瓦斯抽采效果的情况下,降低了生产成本。然而,目前对"一巷两用"抽采技术还有待进一步研究。

1.2.5 钻孔测斜技术发展现状

所谓钻孔测斜技术,就是采用某种测量方法和仪器相结合,测量钻孔轴线在地下空间的坐标位置。现代钻孔测斜技术是通过测量钻孔测点的顶角、方位角、工具面向角和孔深,经过计算可知测点的空间坐标,经过多点测量,从而得到所打钻孔的轨迹,以便及时纠偏,缩小钻孔预定轨迹和实际轨迹的误差。钻孔顶角和方位角是检测各种岩土工程施工钻孔质量两个不可缺少的重要指标,而完成这两个重要指标的测量就要依靠各种类型的钻孔测斜仪。测量钻孔顶角的基本技术原理是采用地球重力场表面水平和垂直原理,测量钻孔方位角基本技术原理是通过测量地磁场的变化方位[86-89]。

(1)国外钻孔测斜技术发展现状[86-89]

最初生产的测斜仪多采用灵敏度和精度较高的石英晶体加速度计来测量顶角,采用线绕磁通门来测量方位角。现代测斜技术是国外在 20 世纪 80 年代发展起来的,与传统测斜仪器相比,测量精度和灵敏度上都有很大提高。该技术也被应用于航天航空导航系统,其测量精度高,但价格昂贵,更主要的是其抗震性能差、体积较大,使其在小直径钻孔测斜仪中的应用受到很多限制。而磁通门结构复杂,不适合小型化和高可靠性的要求。

近年来,采用半导体传感器替代传统机械传感器是技术发展的方向。自上世纪末,美国 NA-TIONAL 半导体公司采用半导体技术实现重力加速度和方位角测量。步入 21 世纪后,随着传感器技术的飞速发展,美国霍尼韦尔公司和芬兰 VTI 公司也先后开发了新的单轴、多轴半导体芯片传感器,从结构、性能上都优于加速度计或磁通门,成为国外先进国家测斜仪器开发中传感器的首选产品。新的半导体传感器大大减小了体积,提高了测量稳定性和可靠性,特别是突出的抗机械冲击性能,从而推动了该技术向随钻测量方向的拓展。

由于石油深井及煤炭开采定向钻进技术的发展,国外先进国家的随钻测量技术发展很快,技术也较国内要成熟。有的项目经过长期研究,已经成为商业产品。测斜仪产品仍以有线随钻和无线泥浆压力脉冲测斜仪产品最为成熟。数据传输是随钻测斜的又一技术关键。由于绝缘条件、钻杆连接结构、使用中强大的机械冲击、长时间持续供电等限制,多年来人们进行了大量的试验和研究,在使用泥浆传输近 20 年后,最近人们又开发了钻杆电磁传输、光纤传输、密封有线传输、地电传输等技术方法。通过大量使用和不断完善改进,钻杆电磁传输方法和密封有线传输方法得到推广使用。法国 Geoservice 等公司为了满足欠平衡钻井施工的需要,开发出了电磁波无线随钻测量系统。澳大利亚 AMT 公司也开发研制了

DDM-MECCA 钻孔定向随钻监测系统,采用钻杆密封结构实现有线数据传输,国内已有该产品。

(2)国内钻孔测斜技术发展现状[86-89]

新中国成立初期,随着地质勘探事业的发展和对钻孔孔斜质量要求的提高,我国先后从苏联等国家引进了几台环测钻孔测斜仪和陀螺定向测斜仪,这为我国测斜技术的发展和测斜仪器的自行研制起了积极的推动作用。1959 年我国的第一家地质仪器设备厂上海地质仪器厂建立,随后很多钻孔测斜仪在该厂研制和生产。20 世纪 70 年代至 80 年代中期,北京地质仪器厂、西安石油勘探仪器厂、辽宁冶金机械仪器厂和牡丹江石油机械仪表厂等单位共同改进研制各类钻孔测斜仪达 70 余种。1991 年地矿部探矿工艺研究所成功研制了 CQ—1 型磁球单点定向测斜仪,该仪器采用自行研制的液浮式磁球顶角方位传感器取代传统罗盘,在精度、量程、防振性能上都有极大提高。1994 年该所采用压电陀螺传感器、地面定向法和电子跟踪测量三者相结合的测斜技术方法又成功研制出 YT—1 型压电陀螺测斜仪,在国内外都是首例。1997 年该所又将高新 CCD 摄像和磁球测角单元结合,成功研制 CQ 型光电多点连续测斜仪。同年,地矿部勘探技术研究所采用加速度计、磁通门和铁钢管等新技术生产了我国第一台有线随钻测斜仪。

步入 21 世纪后,随着材料、传感器、集成电路、计算机等高新科技产业的发展,我国测斜技术研究和发展又进入一个新阶段。光纤陀螺、激光陀螺、高精度压电陀螺、光纤加速度计、膜电位传感器及其他高精度集成芯片传感器在钻孔测斜仪中的应用,使钻孔测斜仪的精度、可靠性和耐用性又得到进一步提高。另外,随着传感器及所用原件体积的减小,钻孔测斜仪也设计得愈来愈轻巧而便于携带和井下作业。目前,测斜仪产品也处于不断更新中,各研究机构和生产厂家犹如雨后春笋,竞争日趋激烈。中煤科工集团西安研究院有限公司研制并生产测斜仪也有多年历史,目前新产品 YHQ—X 型全方位钻孔测斜仪具有测量范围广、精度高等特点。中冶集团武汉勘察研究院相继研制了适合小口径的高精度 CX 系列数字测斜仪,可适应不同作业要求。北京航天万新科技有限公司以及北京通联四方科技有限公司也研制出 LX 系列连续测斜仪、固定测斜仪、LDOM 有线随钻测斜定向系统等产品。上海地学仪器研究所研制的 JJX 系列高精度测斜仪可广泛应用于工程、水文测井及油田、煤田、地质等测井领域,研制生产的 ITL—50A 陀螺测斜仪和 KXP—LS 型轻便数字测斜仪具有操作简单方便、体积小、重量轻、测量准确等特点。地科院探矿工艺研究所研制的 CE 型存储式磁敏测斜仪采用大容量数据存储和低功耗设计,无缆自动存储式测量工艺,具有良好的性价比,具有精度高、重复性好、性能稳定、操作简便可靠的优点,为非磁性地区钻孔轨迹测量提供了先进的测量仪器和工艺方法;DTT 型动力调谐陀螺钻孔测斜仪具有直径小、性价比高、无须孔口定位的特点,成功解决了磁干扰钻孔轨迹测量的难题,消除了以往机械陀螺的漂移大、存在累计误差的问题。

上述可知,随着勘探事业的飞速发展以及对钻孔测斜质量的需求,我国钻孔测斜技术的发展也有了很大提高,测斜仪器方面的研究有的已达到或接近国际先进水平。

1.2.6 钻孔纠偏技术发展现状

由于地质因素及钻探工艺因素影响会造成钻孔弯曲,使钻孔偏离原来设计的顶角与方位角,给施工带来困难,降低钻探效率,易诱发孔内事故,歪曲矿体形态与产状,影响勘探结果的准确程度。目前,煤矿为了使钻孔不弯曲,一般采用水平定向钻进技术。

水平定向钻进技术(Horizontal Directional drilling,HDD),是指利用钻孔自然弯曲规律(钻孔中弯曲的因素包括地质、技术和工艺等)或采用专用工具使近水平钻孔轨迹按设计要求延伸钻进至预定目标的一种钻探方法,即有目的地将钻孔轴线由弯变直或由直变弯[90-91]。

煤矿井下水平定向钻进技术根据所用钻具类型和钻进方式的不同主要分为两种:一种是采用孔口回转钻进方式的稳定组合钻具定向技术,其钻具主要由钻头、稳定器和钻杆按照不同的组合形式连接组成;另一种是以孔底马达为动力,采用带弯接头的螺杆钻具定向技术,其钻具主要由靠高压冲洗液为传递介质的孔底马达、不同形式的造斜件(弯外管或弯接头)等部件组成,可以较灵活地满足不同定向钻进施工的需求[27]。此技术多应用于煤矿水平定向长孔抽采瓦斯。

(1)国外煤矿井下水平定向钻进技术发展现状

HDD技术起步于20世纪60~70年代的美、英、澳等西方工业发达国家,1957年英国率先开始研制和试验定向钻孔设备[92],1964年美国将水平定向钻孔设备与技术应用于煤矿井下,并随后完成孔深635 m的水平定向孔。70年代初,美国、日本、澳大利亚等发达国家把HDD技术广泛应用于煤矿地质勘探、瓦斯抽采、矿山水灾、采空区治理以及工民建筑等工程中,使其转入生产实用阶段,并收到了良好的效果。到80年代末,美国采用回转钻进的方法完成了孔深1 230 m的水平定向孔。90年代,HDD技术迅猛发展,美国使用螺杆钻具和定向钻进监测仪器在煤矿井下钻成1 432.56 m的瓦斯抽采孔。2002年澳大利亚采用孔底马达和无线导向工具,完成钻孔深度为1 761 m的地质勘探孔,并在井下煤层厚度大、煤质较硬的稳定地层实现了多数钻孔深度达1 000 m以上的钻孔佳绩(且主孔中钻有分支孔)。

从整体上看,国外煤矿井下钻机在整机设计及零部件的选用方面较国内钻机先进,其性能可靠,功能完善。另外,发达国家的先进千米钻机多采用以孔底马达为动力的螺杆钻具,并配备精密的随钻测量仪器,使钻机具备了钻进能力强(大于1 000 m)、定向精度高的优势。

(2)国内煤矿井下水平定向钻进技术发展现状

我国煤矿井下水平定向钻进技术于20世纪90年代初开始研究,并在短期内取得迅猛发展。1993年煤科总院西安分院进行了煤炭行业重点项目"煤矿井下定向分支孔钻进技术"的试验研究,并在大同矿务局四台矿施工勘探地质的近水平钻孔,采用以孔底稳定组合钻具为主,局部孔段使用国产的螺杆钻具纠斜钻进的方法,使孔深达到了301.5 m[93-94]。当时,由于受到国内孔底马达、测斜仪器等制造技术落后的限制,西安分院在一段时间内放弃了用孔底马达实施定向钻进的技术途径。随之倡导并积极推进以稳定组合钻具为定向手段的煤矿井下近水平定向钻进技术的发展,并取得了很好的效果,分别于1999年、2000年和2002年完成603 m、721 m和865 m的煤矿井下近水平定向钻孔,创造了当时国内煤矿井下定向钻孔施工的最高纪录[95]。这一期间,鉴于国外采用孔底马达进行定向钻孔施工的成功应用,国内一些煤矿企业也先后从美国、澳大利亚等国进口了数台千米定向钻机,但由于这些钻机大部分不适应我国煤矿的复杂地质条件,致使成孔率非常低,且经常发生掉钻、卡钻等孔内事故。

2003年4月山西亚美大宁能源公司引进澳大利亚的VLD深孔千米钻机,完成了1 002 m的定向瓦斯抽采钻孔后,国内一些类似煤层条件的矿井也相继引进VLD钻机进行定向瓦斯钻孔的施工。到目前为止,该型号钻机在徐州、晋城、铜川、大同、鹤壁等矿务局(煤业集团)的井下和全国部分城市地面建设、边坡治理等方面得到推广应用,收到了明显的经济效益和社会效益。2007年12月陕西彬长矿区大佛寺矿使用西安分院最新研制的ZDY6000L(A)千米履带定向钻机和YHD1—1000型随钻测量系统,在现场试验中完成主孔深度811.8 m、分支孔深度211.8 m的钻进。2008年4月又在陕西长武亭南矿完成终孔直径94 mm、最大孔深达到1 046 m的钻孔记录,取得了较好的试验应用效果[96]。

总体而言,我国在煤矿井下HDD技术的发展还处于起步阶段,在硬件和软件方面还都不完善。例如千米钻机和随钻测量仪器性能等方面与国外相比存在很大差距,同时对整个超长钻孔工艺流程还在不断摸索和总结阶段。

1.3　本书主要研究内容、研究方法及技术路线

1.3.1　研究内容

综合采用实验室实验、理论分析、数值模拟、相似材料模拟、现场实测及工业性试验等研究手段,对低透气性煤层外错高抽巷卸压瓦斯抽采技术开展了较为系统的分析。研究内容如下:

(1)煤岩基础力学参数测试

在2-603工作面取煤岩试样,对其进行基础力学参数测试,以得到煤岩体单向抗压强度、单向抗拉强度、弹性模量、泊松比、摩擦角等力学参数。

(2)采场覆岩破断特征与采动裂隙动态演化规律分析

分析2-603工作面覆岩破断特征与采动裂隙动态演化规律,掌握采场覆岩破断特征、采动裂隙动态演化规律及采动应力分布规律,为确定高抽巷布置方式及其关键参数、高位钻孔布置时机及其关键参数提供理论指导。

(3)高抽巷布置方式及关键参数确定

基于钻孔抽采和巷道抽采技术优点,分析高抽巷布置方式及关键参数。建立高抽巷围岩结构力学模型,分析高抽巷受2-603、2-605工作面采动影响时围岩变形规律,着重分析高抽巷位于不同层位时巷道围岩变形效果、应力分布规律和覆岩采动裂隙分布规律,以确定高抽巷合理布置方式及关键参数。

(4)采场覆岩采动卸压瓦斯运移规律分析

分析高位钻孔不同终孔位置条件下采动卸压瓦斯运移规律,分析采空区瓦斯浓度分布规律、工作面瓦斯浓度分布规律,以确定高位钻孔终孔合理位置。

(5)外错高抽巷高位钻孔布置参数确定

基于采场覆岩破坏特征与采动裂隙动态演化规律,初步确定外错高抽巷高位钻孔布置参数,并开展高位钻孔抽采试验分析,基于钻孔抽采效果,确定高位钻孔终孔合理参数布置。

(6)外错高抽巷高位钻孔测斜与纠偏分析

采用钻孔测斜仪对高位钻孔进行测斜分析,分析钻孔钻进轨迹与其设计轨迹在倾

向、走向上的偏移程度;基于钻孔测斜结果,提出一种钻孔纠偏方法,并对纠偏效果进行分析评价。

(7)工业性试验分析

在 2-603 工作面开展工业性试验分析,分析高抽巷围岩表面变形规律、高位钻孔瓦斯抽采浓度变化规律、高抽巷抽放系统支管路及 2-603 工作面上隅角瓦斯浓度变化规律。

1.3.2 研究方法

综合采用实验室实验、理论分析、数值模拟、相似材料模拟、现场实测及工业性试验等研究手段,对低透气性煤层外错高抽巷卸压瓦斯抽采技术开展了较为系统的分析。研究方法如下:

(1)实验室实验

实验室采用 RMT—150C 岩石力学试验系统进行煤岩单向抗压、抗拉力学参数测定,采用 600 kN 液压万能试验机进行煤岩抗剪力学参数测定,以得到煤岩体单向抗压强度、单向抗拉强度、弹性模量、泊松比、摩擦角等力学参数,为采场覆岩"二带"理论分析、相似材料模拟及数值模拟提供基础力学参数。

(2)理论分析

分析采场覆岩"两带"发育特征,得到冒落带及裂隙带高度。

为实现高抽巷"一巷两用",建立外错高抽巷围岩结构力学模型,提出外错高抽巷布置方式及需要解决的关键问题。

基于高位钻孔钻进轨迹,提出高位钻孔角度补偿纠偏方法及纠偏效果评价方法。

(3)数值模拟分析

采用数值模拟分析软件 UDEC[2D]4.0 分析工作面走向覆岩破断特征与采动裂隙动态演化规律,着重分析工作面前后覆岩破断特征与采动裂隙及应力分布特征;分析工作面倾向覆岩破断特征与采动裂隙动态演化规律,着重分析工作面上端头覆岩破断特征与采动裂隙及应力分布特征。

采用数值模拟分析软件 RFPA[2D]分析不同开挖步距(12 m、15 m、18 m)采场覆岩破断特征与采动裂隙及采动应力分布规律。

采用数值模拟分析软件 UDEC[2D]4.0 分析 2-603、2-605 工作面采动对外错高抽巷围岩稳定性影响规律。

采用流体动力学分析软件 FLUENT 分析高位钻孔不同终孔位置条件下采场覆岩采动卸压瓦斯运移规律,掌握采空区瓦斯浓度分布规律、工作面瓦斯浓度分布规律。

(4)相似材料模拟分析

基于 2-603 工作面地质条件,采用平面应力相似材料模型模拟 2-603、2-605 工作面开挖,分析覆岩破断特征与采动裂隙动态演化规律,为确定高抽巷布置方式及其关键参数、高位钻孔布置时机及其关键参数提供理论指导。

(5)现场实测分析

2-603 工作面回采过程中,采用"十字测量法"对高抽巷围岩表面位移进行观测。

采用钻孔窥视仪对外错高抽巷高位钻孔进行窥视分析,确定覆岩采动裂隙发育特征和钻孔成孔质量,为抽采钻孔布置提供依据。

采用钻孔测斜仪实测高位钻孔钻进轨迹,确定高位钻孔终孔位置偏移距离,为钻孔纠偏提供依据。基于钻孔测斜结果,提出钻孔纠偏方案,并对纠偏后的钻孔进行测斜分析,检验钻孔纠偏效果。

对外错高抽巷高位钻孔瓦斯抽采效果进行实测分析,每班安排专人实测各高位钻孔抽采瓦斯浓度以及抽放支管路瓦斯浓度,分析卸压瓦斯溢出规律。

（6）工业性试验分析

根据高抽巷布置参数及高位钻孔布置参数,开展工业性试验分析。试验过程中,对外错高抽巷围岩变形量、高位钻孔瓦斯抽采浓度、抽放系统支管路瓦斯浓度和 2-603 工作面上隅角瓦斯浓度进行监测,分析其变化规律,分析外错高抽巷、高位钻孔布置是否合理。

1.3.3 技术路线

综合采用实验室实验、理论分析、数值模拟、相似材料模拟、现场实测及工业性试验等研究手段,对低透气性煤层外错高抽巷卸压瓦斯抽采技术开展了较为系统的分析。技术路线如图 1-1 所示。

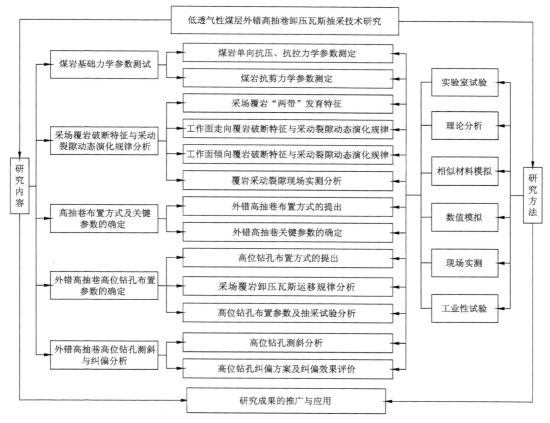

图 1-1 技术路线图

1.4 本书研究目标及创新点

1.4.1 研究目标

本书以李雅庄煤矿低透气性煤层为研究对象,以提高采场覆岩卸压瓦斯抽采效果为切入点,首先针对因 2 煤透气性差、本煤层顺层抽采效果不佳等原因导致工作面上隅角瓦斯易超限难题,建立外错高抽巷围岩结构力学模型,提出采用外错高抽巷抽采上、下相邻区段工作面覆岩采动卸压瓦斯。其次通过分析采场覆岩采动裂隙及应力分布特征,确定外错高抽巷布置参数;在外错高抽巷内,提出采用高位钻孔抽采上区段工作面覆岩采动卸压瓦斯,确定高位钻孔终孔合理位置。最后为解决高位钻孔钻进过程中的偏斜难题,采用钻孔测斜仪测出钻孔偏斜角度,在钻孔施工过程中对钻孔设计角度进行相反方向的角度补偿,达到解决钻孔偏斜问题,以提高高位钻孔卸压瓦斯抽采效果。

1.4.2 创新点

综合采用实验室实验、理论分析、数值模拟、相似材料模拟、现场实测及工业性试验等研究手段,对低透气性煤层外错高抽巷卸压瓦斯抽采技术开展了较为系统的分析。创新点如下:

(1) 提出了外错高抽巷布置方式及其内涵

对于上、下相邻区段工作面,外错上区段工作面布置顶板走向高抽巷,前期在高抽巷内布置高位钻孔抽采上区段工作面覆岩采动卸压瓦斯,后期采用高抽巷抽采下区段工作面覆岩采动卸压瓦斯,高抽巷可服务于上、下区段两个工作面卸压瓦斯抽采,有效解决了相邻两工作面上隅角瓦斯超限难题和实现了高抽巷"一巷两用"。

(2) 提出了外错高抽巷高位钻孔卸压瓦斯抽采技术

基于采场覆岩采动裂隙及应力分布特征,提出了在外错高抽巷内采用高位钻孔抽采上区段工作面覆岩采动卸压瓦斯技术,确定了高位钻孔合理终孔位置,解决了工作面上隅角瓦斯超限难题,保障了工作面安全高效开采。

(3) 提出了钻孔角度补偿纠偏方法及纠偏效果评价方法

为解决高位钻孔钻进过程中的偏斜难题,采用钻孔测斜仪测出钻孔偏斜角度,然后在钻孔施工过程中对钻孔设计角度进行相反方向的角度补偿,当纠偏角度较小时,纠偏后钻孔轨迹与钻孔设计轨迹的偏斜在可接受范围内,纠偏精度能满足要求。对钻孔纠偏效果进行了评价,提出了纠偏效果评价指标 k,当钻孔实际轨迹接近其设计轨迹时,k 值就越小,表明钻孔纠偏效果越好。该方法基本解决了钻孔偏斜问题,提高了高位钻孔卸压瓦斯抽采效果。

2 外错高抽巷"一巷两用"布置方式的提出

2.1 2-603 工作面概况

2.1.1 地质条件概况

（1）工作面位置及井上下关系

2-603 工作面位置以及井上下关系详如表 2-1 所示。

表 2-1   2-603 工作面位置以及井上下关系

煤层名称	2 煤层	水平名称	＋355 m	采区名称	六采区
地面标高/m	＋806～＋906	井下标高/m	＋190～＋250	埋藏深度/m	＋628～＋650
地面相对位置	工作面地面相对位置:东南部紧邻矿井井田边界,西部为郝家腰村庄,北部为上靳安村庄,大部分为黄土覆盖,为低山区丘陵地带				
井下位置及与四邻关系	2-603 工作面位于六采区下部前进方向的右翼,属于六采区右翼最边界采面,工作面前进方向右侧工作面尚未布置,左侧为矿井人为边界,距副巷开口 1 500 m,后右翼为 2-226 采空区				
回采对地表的影响	根据 2-601、2-602、2-226 采煤工作面调查及回采期间高位钻孔验证回采面冒落高度为 8～13 m,裂隙带影响高度为 12～23 m,对以后的耕种和环境不会造成影响;工作面在推进过程中地表将会产生错差不大于 0.5 m 的裂缝,地表无水体,沟谷在雨季会有雨水流经,无村庄和建筑物,不会对回采造成大的影响				
走向长/m	正巷:2 223 副巷:2 112	倾向长/m	230	圈定面积/m²	442 328

（2）煤层赋存特征

2-603 工作面位于 1、2 煤层的合并层,煤厚为 3.14～3.70 m,平均为 3.58 m;煤层一般含 1 层夹矸,局部区域含 2 层,以泥岩、炭质泥岩为主,属复杂结构煤层;煤层倾角为 5°～16°,平均为 8°,如表 2-2 所示。

表 2-2   煤层赋存特征

项目	指标
煤层厚度(最大～最小/平均)	3.14～3.70 m/3.58 m
煤层倾角(最大～最小/平均)	5°～16°/8°
煤层硬度(f)	0.67
煤层层理	中等发育
煤层节理	发育

（3）煤层顶底板条件

开采煤层顶底板条件如表 2-3 所示。

表 2-3 煤层顶底板条件

顶底板名称		岩石类别	厚度/m	岩性	柱状图
顶板	基本顶	细砂岩	3.45～6	灰色中细砂岩,以石英、长石为主,钙质胶结	
	直接顶	砂质泥岩	0～2.87	灰色、深灰色砂质泥岩,层理发育,夹细煤纹颗粒	
	伪 顶	泥岩	0～0.3	灰黑色泥岩,风化易碎	
底板	直接底	粉砂岩	1.4～3.0	灰色粉砂岩,水平层理	
	基本底	泥岩	1.5～2.7	灰色泥岩,团块状	

（4）地质构造

2-603 工作面 2 煤层整体呈单斜构造,走向约为 60°,倾角约为 5°,正巷呈缓倾斜状,低洼处位于 47# 导线点处,顶板标高为＋197.5 m。副巷低洼处位于 50# 导线点处,顶板标高为＋228.5 m;82# 导线点处,顶板标高为＋218.5 m,构造较为发育。掘进顺槽巷道共揭露断层 11 条正断层,未揭露陷落柱,落差为 1～9 m 之间。掘进期间主要构造揭露情况如表 2-4 所示。

表 2-4 工作面主要构造

巷道揭露构造位置	走向/(°)	倾向/(°)	倾角/(°)	落差/m	性质	对回采的影响程度
2-6031 巷 3# 点前 24 m	72	162	47	1	正断层	较小
2-6031 巷 17# 点前 29～62 m	26	296	42	4	正断层	较小
2-6031 巷 25# 点前 25 m	189	99	85	3	正断层	较小
2-6031 巷 29# 点前 52 m	123	203	43	3.5	正断层	较小
2-6031 巷 45# 点前 20 m	115	205	62	2.8	正断层	较小
2-6031 巷 45# 点前 50 m	131	41	43	2.5	正断层	较小
2-6032 巷 6# 点前 62 m	40	130	47	2	正断层	较小
2-6032 巷 60# 点前 65 m	50	320	47	1.5	正断层	较小
2-6032 巷 62# 点前 52 m	46	316	47	9	正断层	较大
2-6032 巷 76# 点前 23 m	126	216	70	1.5	正断层	较小
2-603 切巷 57 点前 50 m	30	120	43	7	正断层	较大

（5）水文地质

2 煤层上覆砂岩含水层与泥质岩层相互叠置,富水性普遍很弱。

顶板直接充水含水层:K8 砂岩,厚度为 2.8～8.71 m,距 2 煤层 1.68～9.77 m。该含水层裂隙不发育,连通性差,以静储量为主,易于疏干,当井下揭露时,涌水量一般为 1～15 m³/h,且随时间的推移逐渐减少。所以 2 煤上覆砂岩水不会对回采产生较大影响。

下伏太灰和奥灰承压含水层:本工作面主要含水层为 2 煤层底板石炭系上统太原组灰岩及中奥陶统峰峰组灰岩。太原组灰岩有效隔水层平均厚度为 34 m,静止水位标高＋346 m,上组太原组灰岩带压值为 1.3～1.9 MPa;中奥陶统峰峰组灰岩有效隔水层厚度为 90～116 m,平均为 103 m,静止水位标高 450 m,带压值为 3.03～3.63 MPa。

采空区积水:本工作面与 2-226 采空区相邻,2-6032 掘进、回采已对 2-226 采空区进行不间断放水,2-226 采空区积水已全部排放,2-603 工作面回采时不受 2-226 采空区积水的影响。

钻孔水:工作面范围内有一个地质勘探钻孔 L-60,根据资料显示,其封闭较好,并经钻孔探查验证,无异常。

根据矿井历史出水情况统计分析,太灰突水量在六采区末端水仓最大涌水量为 260 m³/h,工作面若再发生同等通道条件下出水,水量预计不超过 260 m³/h。故预计本工作面在回采过程中正常涌水量为 5 m³/h,最大涌水量为 60 m³/h,最大突水量为 260 m³/h。

2-6032 巷建成正常排水能力为 100 m³/h,应急排水能力为 200 m³/h,总排水能力为 300 m³/h;2-6031 巷建成排水能力为 100 m³/h,应急排水能力为 200 m³/h,总排水能力为 300 m³/h。

2.1.2 采煤方法

(1)巷道布置

2-603 工作面胶带运输巷(6031 巷),巷道断面为矩形断面,采用锚网梁索进行支护,巷道净宽 5 m,净高 3 m,净断面积为 15 m²;顶板锚杆支护采用七·七布置,间排距为 0.8 m×0.9 m,锚索采用三·二布置,间排距为 1.4 m×1.8 m;帮部锚杆采用五·五布置,间排距为 0.8 m×0.9 m;断层段顶板锚杆支护采用七·七布置,间排距为 1.4 m×1.8 m,锚索采用三·三布置,间排距为 0.8 m×0.8 m,帮部锚杆采用五·五布置,间排距为 1.4 m×0.8 m。

2-603 工作面材料巷(6032 巷),巷道断面为矩形断面,采用锚网梁锁进行支护,巷道净宽 4.8 m,净高 3.8 m,净断面积为 18.24 m²;顶板锚杆支护采用七·七布置,间排距为 0.8 m×0.9 m;锚索采用三·二布置,间排距为 1.4 m×1.8 m;帮部锚杆采用五·五布置,间排距为 0.8 m×0.9 m;断层段顶板锚杆支护采用七·七布置,间排距为 0.8 m×0.8 m,锚索采用三·二布置,间排距为 1.4 m×0.8 m,帮部锚杆采用七·七布置,间排距为 0.8 m×0.8 m。

(2)采煤工艺

工作面采用走向长壁后退式一次采全高全部垮落综合机械化采煤方法,采煤工艺为:双滚筒采煤机割煤、装煤—刮板输送机运煤—移架支护—推移刮板输送机。

落煤方式:采用 MG500/1210—GWD 型电牵引采煤机双向割煤,截深 800 mm,根据通风能力及抽采情况,顶板条件确定采煤机的牵引速度控制在 0～4 m/s。

装煤:采用采煤机螺旋滚筒配合 SGZ—1000/1400 型双中心链可弯曲刮板输送机装煤。

运煤:采用 SGZ—1000/1400 型可弯曲刮板输送机、胶带顺槽采用 SZZ—1000/375 型转载机(破碎机 PCM—200)以及 SSJ—1200/2×315 重型可伸缩胶带机运煤。

顶板控制：采用 ZY7200/19/40 型掩护式液压支架对顶板进行控制。

（3）工作面主要设备

工作面主要设备如表 2-5 所示。

表 2-5　　　　　　　　　　　　2-603 工作面主要设备

序号	名称	型号	数量	备注
1	液压支架	ZY—7200/19/40	131	
2	采煤机	MG500/1210—GWD	1	
3	刮板输送机	SGZ—1000/1400	1	230 m
4	转载机	SZZ—1000/375	1	
5	破碎机	PCM200	1	
6	自移机尾	ZY2700	1	12.5 m
7	重型胶带输送机	SSJ—1200/315×2	1	1 700 m
8	乳化液泵	BRW400/31.5	2	

2.2　2-603 工作面抽采效果

2.2.1　工作面瓦斯赋存特征

2 煤层煤质为气肥煤，挥发分为 36.98%，属 Ⅱ 类自燃发火煤层，同时具有爆炸危险性，爆炸性指数为 36.98%，煤层吨煤原始瓦斯含量为 7.32 m³，计算工作面圈定范围煤层瓦斯储量为 393 万 m³。可解吸瓦斯量为 5.70 m³/t，不可解吸量为 1.62 m³/t，放散初速 Δp 值为 7.5，坚固性系数值为 0.67，瓦斯压力 0.68 MPa，2 煤层透气性系数为 0.137 1 m²/(MPa²/d)，钻孔瓦斯流量衰减系数为 0.006 5～0.008 9 d⁻¹，属于可以抽采煤层。

2.2.2　瓦斯来源和通风方式

（1）2-603 工作面掘进期间瓦斯来源

6031 巷和 6032 巷掘进过程中，工作面瓦斯来源主要为本煤层瓦斯。603 工作面在掘进过程中，工作面瓦斯来源包括巷道煤壁瓦斯涌出和掘进落煤中的瓦斯涌出两部分。根据邻近的 602 工作面掘进期间瓦斯涌出量预计本工作面可达 3.9 m³/min，所以按照《煤矿安全规程》规定，必须进行瓦斯抽采。

（2）2-603 工作面回采期间瓦斯来源

2-603 工作面回采期间瓦斯来源包括本煤层、围岩和邻近层。

本煤层瓦斯涌出：本煤层瓦斯涌出约占工作面总涌出量的 40% 左右，是主要瓦斯涌出之一。根据治理瓦斯的分源治理原则，需进行瓦斯抽采工作。

围岩瓦斯涌出：因矿井煤层顶、底板多为沙质泥岩，孔隙、裂隙相当发育，成煤时期储量较多，在回采过程中，随着基本顶来压，其中一部分升至裂隙带，一部分随采空区漏风带到工作面及回风巷,直接影响工作面和上隅角瓦斯浓度,约占总涌出量的 60%,为主要瓦斯涌出量。

邻近层瓦斯涌出:下邻近煤层(6#煤层)离本开采层距离较大(约 50 m),对本开采层瓦斯涌出无太大影响,一并计入采空区瓦斯涌出量中。

(3)通风方式

2-603 工作面采用"一进一回"的通风方式,即 6031 巷进风,6032 巷回风。

(4)工作面瓦斯含量、瓦斯储量、预抽时间、抽采瓦斯量、抽采率、抽采达标情况

根据抚顺煤科院测定的数据,矿井现开采的 2 煤层瓦斯含量为 $5.93\sim6.48$ $m^3/(t/r)$,平均为 5.49 $m^3/(t/r)$;煤层极限吸附常数 a 值最大为 45.05 m^3/t,最小为 18.03 m^3/t;吸附常数 b 值最大为 0.638 MPa^{-1},最小为 0.409 MPa^{-1};煤的孔隙率为 $6.45\%\sim8.05\%$;煤层的透气性系数为 0.137 1 $m^2/(MPa^2 \cdot d)$;钻孔瓦斯流量衰减系数为 $0.006\ 5\sim0.008\ 9$ d^{-1},属于可以抽采煤层。

参照 2-602 工作面,预计 2-603 工作面在正常生产过程中绝对瓦斯涌出量可达 20.4 m^3/min,相对瓦斯涌出量可达 5.4 m^3/t。2-603 工作面煤炭储量 209 万 t,其瓦斯总储量为 1 354.32 万 m^3。

根据矿井生产安排,2-603 工作面从 2011 年元月份开始掘进到工作面形成,预计工作面瓦斯预抽时间可达 29 个月。根据相邻的 602 工作面抽采情况,2-603 工作面掘进期间瓦斯抽采率预计可达到 30%以上,回采期间瓦斯抽采率预计可达 40%以上,从而保证回采工作面的抽采达标生产。

2.2.3　抽采系统

(1)抽采泵站

2# 风井地面固定瓦斯抽采泵站选用三台 CBF530 型水循环真空负压抽采泵,两用一备,抽采泵功率为 280 kW,额定抽气量为 200 m/min。

井下移动瓦斯抽采泵站选用两台 ZWY—200 型移动瓦斯抽采泵,一用一备,抽采泵功率为 150 kW,额定抽气量为 200 m/min。

(2)主管路

主管路:ϕ426 mm 无缝钢管,地面泵站 250 m—2# 回风立井 400 m。干管路:ϕ426 mm 无缝钢管,2# 回风立井底—右回风巷末端。

每条管路都分别安设阀门、放水器、孔板流量计、在线监测装置、分路器、放渣器、自动喷粉抑爆装置、低浓度瓦斯三防装置等,形成了高、低负压分源抽采系统。

(3)支管路

6032 巷钻孔→ϕ280 mm PE 抽采支管路→六区右回风巷 ϕ426 mm 高、低负压管路→南总至 2# 风井两趟高、低负压 ϕ426 mm 管路→地面泵站高、低负压管路→水循环真空泵→地面泵站正压管路→排空管。

6031 巷钻孔→ϕ280 mm PE 抽采支管路→六区右回风巷 ϕ426 mm 高、低负压管路→南总至 2# 风井两趟高、低负压 ϕ426 mm 管路→地面泵站高、低负压管路→水循环真空泵→地面泵站正压管路→排空管。

2.2.4 抽采效果

在 2-6031、2-6032 巷内施工本煤层平行钻孔,钻孔间距分别为 2.4 m、1.6 m,钻孔水平角垂直于煤壁,钻孔倾角平行于煤层倾角,采用 ZDY—3200 型钻机施工,孔深为 150～180 m。2-6032 巷由切眼往外,在巷道顶板间隔 80 m 施工一组低位裂隙钻孔,每组 5 个孔,孔深 120 m。在 2-603 工作面上隅角埋管抽采,采用两趟 ϕ280 mm 抽采管路迈步交替抽采方式,始终保持一趟管路伸入上隅角 12～20 m,工作面每推进 60 m,断管一次;上隅角瓦斯抽采管路通过六采区轨道巷移动瓦斯抽采泵站进行抽采。

2-603 工作面虽然采用了本煤层顺层钻孔抽采、低位裂隙钻孔抽采和工作面上隅角埋管抽采相结合的综合抽采技术,但 2 煤层透气性低,抽采效果不佳,在回采过程中,工作面上隅角瓦斯易发生超限事故。

2.3 外错高抽巷"一巷两用"布置方式的提出

2.3.1 外错高抽巷布置方式

为解决 2-603 工作面上隅角瓦斯超限难题,基于 2-603、2-605 工作面相邻关系,建立外错高抽巷围岩结构模型(图 2-1),提出外错高抽巷布置方式[97],可实现高抽巷"一巷两用"。

由图 2-1 可知,外错 2-603 工作面(内错 2-605 工作面)布置顶板走向高抽巷,前期在高抽巷内布置高位钻孔抽采上区段 2-603 工作面覆岩采动卸压瓦斯,后期采用巷道抽采下区段 2-605 工作面覆岩采动卸压瓦斯。高抽巷能服务于同一煤层相邻两工作面覆岩采动卸压瓦斯抽采,可降低 2-603、2-605 工作面上隅角瓦斯浓度,解决相邻两工作面上隅角瓦斯超限问题,实现高抽巷"一巷两用"。

2.3.2 技术关键

为了外错高抽巷能有效抽采相邻两工作面覆岩采动卸压瓦斯,实现外错高抽巷"一巷两用",须解决以下技术关键:

(1)工作面回采后,采场上覆岩层会发生运移和破断,覆岩层内将产生大量裂隙,这些裂隙是瓦斯储存、流动的场所和通道。受采动影响,煤层卸压后大量瓦斯沿顶板裂隙进入裂隙带,如果将抽采钻孔或巷道布置在裂隙带内将有效提高卸压瓦斯抽采效果。因此,掌握采场覆岩采动裂隙及应力分布规律是合理确定外错高抽巷布置参数和高位钻孔布置参数的关键。

(2)外错高抽巷先后经历 2-603、2-605 工作面 2 次采动影响。2-603 工作面回采时,外错高抽巷受采动影响要小,也要使高位钻孔长度较短,以减小钻孔施工工程量;2-605 工作面回采时,高抽巷要达到 2-605 工作面覆岩采动卸压瓦斯最佳抽采效果。因此,确定外错高抽巷合理布置层位是维护巷道稳定和实现最佳抽采效果的关键。

(3)在外错高抽巷内,布置高位钻孔抽采 2-603 工作面覆岩采动卸压瓦斯,为有效抽采 2-603 工作面覆岩采动卸压瓦斯,需将高位钻孔终孔布置在覆岩采动裂隙瓦斯富集区内,高位钻孔才能实现持续抽采卸压瓦斯,能有效降低 2-603 工作面上隅角瓦斯浓度,避免工作面

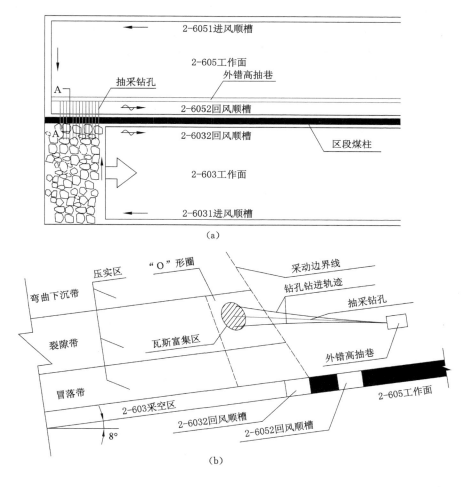

图 2-1　外错高抽巷围岩结构力学模型

(a) 平面图；(b) A—A 剖面

上隅角瓦斯超限。因此,确定高位钻孔终孔合理位置是实现持续抽采卸压瓦斯的关键。

(4) 在高位钻孔施工过程中,受岩性变化、钻具结构、钻杆自重、钻进工艺、施工技术等因素影响,钻孔实际轨迹往往偏离设计轨迹,导致钻孔终孔位置达不到设计要求,易造成卸压瓦斯抽采盲区,势必影响抽采效果,给工作面安全高效回采埋下隐患。因此,掌握高位钻孔实际偏斜程度,采用合理的钻孔纠偏技术,确保高位钻孔终孔布置在覆岩采动裂隙瓦斯富集区内是提高卸压瓦斯抽采效果的关键。

以下将围绕这四个关键问题展开系统的研究。

2.4　本章小结

(1) 介绍了 2-603 工作面瓦斯赋存特征、瓦斯来源、通风方式、抽采系统及抽采效果。

(2) 介绍了 2-603 工作面概况及采煤方法。

（3）为解决 2-603 工作面上隅角瓦斯超限难题，基于 2-603、2-605 工作面相邻关系，建立外错高抽巷围岩结构模型，提出外错高抽巷布置方式，可以实现高抽巷"一巷两用"。

（4）为外错高抽巷能有效抽采相邻两工作面覆岩采动卸压瓦斯，实现外错高抽巷"一巷两用"，须解决四个技术关键难题。

3 采场覆岩破断特征与采动裂隙动态演化规律分析

煤层采出后,采场覆岩将发生大范围运移,自下而上形成了垮落带、裂隙带和弯曲下沉带,其中裂隙带是瓦斯运移通道和积聚场所。因此,准确掌握覆岩采动裂隙分布特征对提高卸压瓦斯抽采效果具有重要的理论指导意义。为掌握 2-603 工作面覆岩采动裂隙分布特征,采用实验室实验、理论计算、数值模拟、相似材料模拟等研究手段系统分析覆岩采动裂隙分布特征,为 2-603 工作面外错高抽巷及高位钻孔终孔位置的确定提供技术指导。

3.1 煤岩基础力学参数测试

3.1.1 测试内容与采样要求

(1)测试内容

煤、顶板、底板岩石的物理力学性质测定,包括 2 煤、顶板、底板岩石的单向抗压强度、单向抗拉强度、弹性模量、泊松比、剪应力、内摩擦角等。

(2)采样要求

煤岩的采样应遵照中华人民共和国煤炭行业标准《煤和岩石物理力学性质测定方法》(GB/T 23561—2009)的规定执行,需注意以下几点:

① 在采样过程中,应使试样原有的结构和状态尽可能不受破坏,以便最大限度地保持煤岩样原有的物理力学性质。

② 采样地点应符合要求,注意所取的煤岩样必须具有代表性。所采试样的规格应满足实验要求。

③ 采样时应有专人做好煤岩样描述记录和编号工作。每组煤样和岩样的数量,应满足试样制备的需要,按要求测定的项目确定。考虑到试样加工过程中的损耗或其他因素,采样时应注意在数量上有所富余。对于软岩,采样的数量还应大一些。

④ 煤岩样取出后应注意封闭包装好,避免外部环境对试样的影响。

(3)采样选取

煤样取自 2-603 工作面,岩样取自 2-6032 轨道顺槽内 400 m 处,取样位置如图 3-1 所示。

实验拟选取的煤岩样主要有 3 种,具体取样名称、规格及数量如表 3-1 所示。

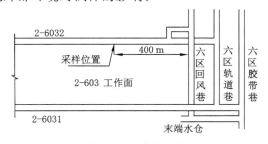

图 3-1 取样位置图

编号	煤岩样名称	规格要求 $\Phi \times h/mm$	数量	备注
1	2煤直接顶细粒砂岩	50×1 000	4	
2	2煤	50×150	25	
3	2煤直接底粉砂岩	50×1 000	4	

表 3-1 　　　　　　　　　　　　取样名称、规格及数量

注:① 所取的煤岩样应至少达到以上规格要求,可适当增大;

② 取样后必须用保鲜膜或蜡封闭好;

③ 各种试样应做好编号,以便区分。

3.1.2 试件加工

试件的加工与实验应遵照中华人民共和国煤炭行业标准《煤和岩石物理力学性质测定方法》的规定执行,并参照国际岩石力学学会实验室和现场标准化委员会编制的《岩石力学试验建议方法》。

（1）加工要求

实验所取煤岩样均取自于现场不规则煤岩块,通过实验室加工制成实验要求的标准试块。先将现场所取煤岩样放在钻芯机上钻出直径为 50 mm 的圆柱体,再根据实验要求用切割机分别切成 25 mm、50 mm、100 mm 长的圆柱块,最后用磨平机将试块端面磨平,研磨时要求试件两端面不平行度不得大于 0.01 mm,上、下端直径的偏差不得大于 0.02 cm,直至达到实验要求的标准为止。

（2）尺寸及数量

根据项目要求的测定指标,按煤岩性质、测定方法的规定执行。本次实验共加工煤岩样试块 56 块,如表 3-2 所示。加工好的煤岩试样如图 3-2 所示。

表 3-2 　　　　　　　　　　　　试件数量、尺寸及数量

编号	煤岩样名称	抗压		抗剪		抗拉	
		规格 $\Phi \times h/mm$	数量 /个	规格 $\Phi \times h/mm$	数量 /个	规格 $\Phi \times h/mm$	数量 /个
1	2煤直接顶细粒砂岩	50×100	4	50×50	10	50×25	4
2	2煤	50×100	5	50×50	10	50×25	5
3	2煤直接底粉砂岩	50×100	4	50×50	10	50×25	4

3.1.3 测试结果

（1）实验设备

按《煤和岩石物理力学性质测定方法》的要求,煤岩单向抗压、抗拉力学性质的测定在 RMT—150C 岩石力学试验系统上进行,煤岩抗剪力学性质的测定在 600 kN 液压万能试验机上进行。实验仪器如图 3-3 所示。

（2）测试结果

2-603 工作面煤岩样力学参数测试结果如表 3-3 所示。由表 3-3 可知,抗压测试结果表

(a)　　　　　　　　　　　　　　(b)

图 3-2　加工好的煤岩样(部分)

(a)煤样;(b)岩样

图 3-3　煤岩样力学性质测试设备

明,直接底粉砂岩抗压强度为 71.2 MPa,属中硬岩层;2 煤抗压强度较小,为软煤层;直接顶细粒砂岩,抗压强度为 49.1 MPa,属中硬岩层。抗拉测试结果表明,直接底粉砂岩抗拉强度为 1.46 MPa,2 煤抗拉强度为 0.136 MPa,直接顶细粒砂岩抗拉强度为 1.49 MPa。抗剪测试结果表明,直接底粉砂岩凝聚力为 9.09 MPa,内摩擦角为 41.6°;2 煤凝聚力为 1.09 MPa,内摩擦角为 39.2°;直接顶细粒砂岩凝聚力为 3.65 MPa,内摩擦角为 42.1°。

表 3-3　　　　　　　　　　　　岩石力学参数测试结果

岩石名称	抗压强度/MPa	抗拉强度/MPa	泊松比	凝聚力/MPa	内摩擦角/(°)
直接底粉砂岩	71.2	1.46	0.16	9.09	41.6
2 煤	7.95	0.136	0.40	1.09	39.2
直接顶细粒砂岩	49.1	1.49	0.15	3.65	42.1

3.2　"二带"高度理论计算分析

工作面回采后,在重力作用下,围岩应力重新分布,采空区四周煤壁受压严重,直接顶冒落在采空区内,形成了冒落带。当岩层冒落达到一定高度时,岩石碎胀体积大于原始体积,又支撑了更高层位岩层;更高层位岩层受到一定支撑后,将缓慢地下沉并断裂开来,形成了裂隙带。

3.2.1 充满采空区所需直接顶厚度

3.2.1.1 计算公式

采煤工作面直接顶初次垮落后,垮落岩石充满采空区所需直接顶厚度为:

$$\sum h = \frac{M}{K_p - 1} \tag{3-1}$$

式中 K_p——岩石碎胀系数;

M——采高,m。

煤矿常见岩石碎胀系数如表 3-4 所示。

表 3-4 煤矿常见岩石碎胀系数

岩石种类	砂	黏土	碎煤	黏土页岩	砂质页岩	硬砂岩
碎胀系数 K_p	1.06~1.15	<1.2	<1.2	1.4	1.6~1.8	1.5~1.8

3.2.1.2 计算结果

(1) 2-603 工作面附近钻孔计算

由公式(3-1)及表 3-4 中相关参数,2 煤回采后充满采空区所需直接顶厚度计算结果如表 3-5 所示。

表 3-5 充满采空区所需直接顶的厚度

钻孔编号	孔口标高/m	2 煤厚度/m	碎胀系数 K_p	所需直接顶厚度/m
	孔深/m	底板标高/m		顶标高/m
L-16b	865.78	2.79	1.40	6.98
	624.04	269.62		279.39
L-17b	877.26	2.98	1.40	7.45
	746.22	245.44		255.87
L-60	840.20	2.82	1.70	4.03
	758.96	209.84		216.69
L-70	866.19	2.88	1.60	4.80
	757.50	237.92		245.60

由表 3-5 可知,2 煤回采后充满采空区所需直接顶厚度最大值为 7.45 m,最小值为 4.03 m,平均为 5.81 m。

(2) 根据揭露煤层厚度计算

巷道掘进过程中,2-6031、2-6032 掘进工作面实际揭露的煤层厚度为 3.14~3.70 m,平均为 3.58 m。同理,由公式(3-1)可得,2 煤回采后充满采空区所需直接顶厚度为 7.85~

9.25 m,平均为 8.95 m。

基于以上分析可知,2 煤回采后充满采空区所需直接顶厚度为 7.85~9.25 m,平均为 8.95 m。

3.2.2 "二带"高度理论计算

3.2.2.1 计算公式

不同的倾角、不同岩性的岩层及其不同组合的覆岩,其移动及破坏规律不同。对于缓倾斜及倾斜煤层,当煤层顶板为坚硬、中硬、软弱、极软弱岩层或其互层时,冒落带最大高度 H_m 可按表 3-6 中公式计算;裂隙带最大高度 H_d 可按表 3-7 中的公式计算。

表 3-6   冒落带高度 H_m 计算公式

覆岩岩性	单向抗压强度/MPa	主要岩石名称	计算公式/m
坚硬	40~80	石英砂岩、石灰岩、砂质页岩、砾岩	$H_m = \dfrac{100\sum M}{2.1\sum M + 16} \pm 2.5$
中硬	20~40	砂岩、泥质灰岩、砂质页岩、页岩	$H_m = \dfrac{100\sum M}{4.7\sum M + 19} \pm 2.2$
软弱	10~20	泥岩、泥质砂岩	$H_m = \dfrac{100\sum M}{6.2\sum M + 32} \pm 1.5$
极软弱	<10	铝土岩、风化泥岩、黏土、砂质黏土	$H_m = \dfrac{100\sum M}{7.0\sum M + 63} \pm 1.2$

注:$\sum M$——累计采厚;单层采厚 1~3 m;累计采厚不超过 15 m;± 项为中误差。

表 3-7   裂隙带高度 H_d 计算公式

覆岩岩性	计算公式之一/m	计算公式之二/m
坚硬	$H_d = \dfrac{100\sum M}{1.2\sum M + 2.0} \pm 8.9$	$H_d = 30\sqrt{\sum M} + 10$
中硬	$H_d = \dfrac{100\sum M}{1.6\sum M + 3.6} \pm 5.6$	$H_d = 20\sqrt{\sum M} + 10$
软弱	$H_d = \dfrac{100\sum M}{3.1\sum M + 5.0} \pm 4.0$	$H_d = 10\sqrt{\sum M} + 5$
极软弱	$H_d = \dfrac{100\sum M}{5.0\sum M + 8.0} \pm 3.0$	

注:$\sum M$—累计采厚;单层采厚 1~3 m;累计采厚不超过 15 m;± 项为中误差。

3.2.2.2 计算结果

(1) 根据钻孔煤层厚度计算结果

分别对 2-603 工作面 4 个钻孔柱状计算冒落带、裂隙带高度,当覆岩岩性为中硬时,计算结果如表 3-8 所示;当覆岩岩性为软弱时,计算结果如表 3-9 所示。

表 3-8   **2 煤层顶板冒落带及裂隙带高度计算结果(中硬)**

钻孔编号	孔口标高/m	2 煤厚度/m	冒落带高度/m		裂隙带高度/m		
					公式一		公式二
	孔深/m	底板标高/m	顶标高/m		顶标高/m		顶标高/m
			最大	最小	最大	最小	
L-16b	865.78	2.79	11.19	6.19	40.20	29.00	43.41
	624.04	269.62	283.60	278.60	312.61	301.41	301.41
L-17b	877.26	2.98	11.92	6.53	41.21	30.01	44.53
	746.22	245.44	260.34	254.95	289.63	278.43	278.43
L-60	840.20	2.82	11.28	6.24	40.36	29.16	43.59
	758.96	209.84	223.94	218.90	253.02	241.82	241.82
L-70	866.19	2.88	11.52	6.35	40.69	29.49	43.94
	757.50	237.92	252.32	247.15	281.49	270.29	270.29

由表 3-8 可知,当 2 煤上覆岩层岩性为中硬时,按表 3-6 中公式计算冒落带高度最大值为 11.19～11.92 m,平均值为 11.48 m;最小值为 6.19～6.53 m,平均值为 6.33 m。按表 3-7 中公式一计算裂隙带高度最大值为 40.20～41.21 m,平均值为 40.62 m;最小值为 29～30.01 m,平均值为 29.42 m。按表 3-7 中公式二计算裂隙带高度最大值为 43.41～44.53 m,平均值为 43.86 m。

表 3-9   **2 煤层顶板冒落带及裂隙带高度计算结果(软弱)**

钻孔编号	孔口标高/m	2 煤厚度/m	冒落带高度/m		裂隙带高度/m		
					公式一		公式二
	孔深/m	底板标高/m	顶标高/m		顶标高/m		顶标高/m
			最大	最小	最大	最小	
L-16b	865.78	2.79	7.16	4.16	24.44	16.44	21.70
	624.04	269.62	279.57	276.57	296.85	288.85	294.11
L-17b	877.26	2.98	7.40	4.40	24.93	16.93	22.26
	746.22	245.44	255.82	252.82	273.35	265.35	270.68
L-60	840.20	2.82	7.20	4.20	24.52	16.52	21.79
	758.96	209.84	219.86	216.86	237.18	229.18	234.45
L-70	866.19	2.88	7.28	4.28	24.68	16.68	21.97
	757.50	237.92	248.08	245.08	265.48	257.48	262.77

由表 3-9 可知,当 2 煤上覆岩层岩性为软弱时,按表 3-6 中公式计算冒落带高度最大值为 7.16～7.40 m,平均值为 7.26 m;最小值为 4.16～4.40 m,平均值为 4.26 m。按表 3-7 中公式一计算裂隙带高度最大值为 24.44～24.93 m,平均值为 24.64 m;最小值为 16.44～16.93 m,平均值为 16.64 m。按表 3-7 中公式二计算裂隙带高度最大值为 21.70～22.26 m,平均值为 21.93 m。

（2）根据揭露煤层厚度计算结果

巷道掘进过程中，2-6031、2-6032 掘进工作面实际揭露的煤层厚度为 3.14～3.70 m，平均为 3.58 m。根据揭露煤层厚度计算结果如表 3-10 所示。

表 3-10　　　　　　　2 煤层顶板冒落带及裂隙带高度计算结果

煤层厚度	采高 $\sum M$/m	碎胀系数 K_p	直接顶高度/m	冒落带高度 H_m/m				裂隙带高度 H_d/m				裂隙带高度 H_d/m	
				中硬		软弱		中硬		软弱		中硬	软弱
				最大	最小	最大	最小	最大	最小	最大	最小		
最大	3.70		6.2	12.4	8.0	8.2	5.2	44.5	33.3	26.5	18.5	48.5	24.2
最小	3.14	1.6	5.2	11.5	7.1	7.6	4.6	42.0	30.8	25.3	17.3	45.4	22.7
平均	3.58		6.0	12.2	7.8	8.1	5.1	44.0	32.8	26.2	18.2	47.8	23.9

由表 3-10 可知，当 2 煤层上覆岩层岩性为中硬时，按表 3-6 中公式计算冒落带高度最大值为 11.5～12.4 m，平均值为 12.2 m；最小值为 7.1～8.0 m，平均值为 7.8 m。按表 3-7 中公式一计算裂隙带高度最大值为 42.0～44.5 m，平均值为 44.0 m；最小值为 30.8～33.3 m，平均值为 32.8 m。按表 3-7 中公式二计算裂隙带高度最大值为 45.4～48.5 m，平均值为 47.8 m。

当 2 煤层上覆岩层岩性为软弱时，按表 3-6 中公式计算冒落带高度最大值为 7.6～8.2 m，平均值为 8.1 m；最小值为 4.6～5.2 m，平均值为 5.1 m。按表 3-7 中公式一计算裂隙带高度最大值为 25.3～26.5 m，平均值为 26.2 m；最小值为 17.3～18.5 m，平均值为 18.2 m。按表 3-7 中公式二计算裂隙带高度最大值为 22.7～24.2 m，平均值为 23.9 m。

3.2.3　理论计算结论

（1）2 煤回采后，充满采空区所需直接顶厚度为 7.85～9.25 m，平均为 8.95 m。

（2）按 2-603 工作面钻孔柱状计算冒落带、裂隙带高度：

岩性为中硬时，冒落带高度最大值为 11.19～11.92 m，平均值为 11.48 m；最小值为 6.19～6.53 m，平均值为 6.33 m。岩性为软弱时，冒落带高度最大值为 7.16～7.40 m，平均值为 7.26 m；最小值为 4.16～4.40 m，平均值为 4.26 m。

岩性为中硬时，按公式一计算裂隙带高度最大值为 40.20～41.21 m，平均值为 40.62 m；最小值为 29～30.01 m，平均值为 29.42 m；按公式二计算裂隙带高度最大值为 43.41～44.53 m，平均值为 43.86 m。岩性为软弱时，按公式一计算裂隙带高度最大值为 24.44～24.93 m，平均值为 24.64 m；最小值为 16.44～16.93 m，平均值为 16.64 m，按公式二计算裂隙带高度最大值为 21.70～22.26 m，平均值为 21.93 m。

（3）按掘进工作面揭露煤层厚度计算冒落带、裂隙带高度：

岩性为中硬时，冒落带高度最大值为 11.5～12.4 m，平均值为 12.2 m；最小值为 7.1～8.0 m，平均值为 7.8 m。岩性为软弱时，冒落带高度最大值为 7.6～8.2 m，平均值为 8.1 m；最小值为 4.6～5.2 m，平均值为 5.1 m。

岩性为中硬时，按公式一计算裂隙带高度最大值为 42.0～44.5 m，平均值为 44.0 m；最小值为 30.8～33.3 m，平均值为 32.8 m；按中公式二计算裂隙带高度最大值为 45.4～

48.5 m,平均值为47.8 m。岩性为软弱时,按公式一计算裂隙带高度最大值为25.3～26.5 m,平均值为26.2 m;最小值为17.3～18.5 m,平均值为18.2 m;按公式二计算裂隙带高度最大值为22.7～24.2 m,平均值为23.9 m。

（4）根据霍州煤电集团有限责任公司《李雅庄煤矿巷道围岩地质力学测试报告》中第二测站(2-603工作面附近)顶板岩性测试结果,2-603工作面煤层顶板岩性以中硬岩层为主,则冒落带高度为7.8～12.2 m,裂隙带高度为32.8～44 m。

（5）充满采空区所需直接顶厚度为7.85～9.25 m,冒落带高度为7.8～12.2 m,直接顶冒落后基本上可充满采空区。

3.3 覆岩采动裂隙动态演化规律 UDEC²ᴰ数值模拟分析

要研究不同地质条件下煤层回采后覆岩采动裂隙分布规律,若采用工程类比法进行研究,显然工作量巨大;若在实验室中采用相似材料模拟试验方法进行研究,试验经费和工作量也是比较大的。因此,借助目前岩土工程常用方法即非线性数值模拟分析方法,通过开挖工作面得到覆岩破断特征和围岩应变规律,可为现场工作面安全高效开采提供技术指导。

3.3.1 模型建立

（1）数值模拟软件的选择

对于地下采矿尤其是采场问题来说,目前最适用的数值计算软件为UDEC,它不仅能模拟岩体的复杂力学和结构特性,也可很方便地分析各种边值问题和施工过程,并对工程进行预测和预报,而且如果我们能从宏观上把握岩体的力学特性,通过地应力测试把握地应力场,数值力学分析结果完全可以用于指导工程实践。

UDEC是针对非连续介质模型的二维离散元数值计算程序,它主要包括两方面的内容:① 离散的岩块允许大变形,允许沿节理面滑动、转动和脱离冒落;② 在计算过程中能够自动识别新的接触。UDEC软件主要模拟静载或动载条件下非连续介质(如节理块体)的力学行为特征,非连续介质是通过离散块体的组合来反映的,节理被当作块体间的边界条件来处理,允许块体沿节理面运动及回转。单个块体可以是刚体的或者是可变形的,接触是可变形的。可变形块体再被细化为有限差分元素网格,每个元素的力学特性遵循规定的线性或非线性的应力、应变规律,节理的相对运动也是遵循法向或切向的线性或非线性运动关系。

UDEC既可以用于解决平面应变问题,也可以用于解决平面应力问题;既可以解决静态问题,也可以解决动态问题。UDEC离散元数值计算工具主要应用于地下岩体采动过程中岩体节理、断层、沉积面等对岩体逐步破坏的影响评价。

UDEC4.0提供了适合岩土的7种材料本构模型和5种节理本构模型,能够适应不同岩性和不同开挖状态条件下的岩层运动的需要,是目前模拟岩层破断后运动过程较为理想的数值模拟软件。结合CAD技术,可以形象直观地反映岩体运动变化的力场、位移场、速度场等各力学参量的变化。

采用数值计算软件UDEC对采场覆岩运动规律进行模拟分析,得出采场覆岩运移规律及三带分布特征。

（2）模型设计原则

建立合理、正确的数学和力学模型是数值分析的首要任务,模型设计的正确与否,是能否得到数值分析准确结果的前提和基础。模型的设计,必须遵循下列原则:

① 影响采场覆岩运移规律及三带分布因素较多,包括地质因素和生产技术因素。建UDEC模型时,必须分清各影响因素的主次,并进行合理的抽象、概化。所以,在模型设计时,必须突出采场覆岩运移规律及三带分布主要因素,并尽可能多地考虑其他因素。

② 任何地下工程都具有时空特性,所以模型的设计必须能够体现伴随工作面开采引起的动压对采场覆岩运移规律及三带分布影响这一动态过程。

③ 设计的模型尽量要与实际相符,并尽可能地体现岩层的物理力学特性。

④ 地下工程、岩土工程问题实质上是半无限体问题,由于受计算机内存的限制,模拟时只能考虑一定的影响范围。因此,建立模型时必须考虑边界条件。

⑤ 模型的设计,应尽可能便于模拟计算。在考虑模拟范围时,既要能全面地体现采场覆岩运移规律及三带分布的受力特性,又要顾及计算机的内存和运行速度。

（3）模型参数

2-603工作面煤层倾角为5°～16°,平均为8°,不同倾角对于采场覆岩运移规律及"三带"分布特征有重要影响,也影响高抽巷钻孔布置。参照L-70钻孔柱状(图3-4),分别建立煤层走向和倾向两个数值计算模型,分别模拟煤层开采后覆岩裂隙分布特征。

基于2煤顶底板岩石力学参数测试结果,确定数值计算模型中各岩层力学参数[98],如表3-11所示。

表 3-11　　　　　　　　　　　　　模型中煤岩力学参数

岩性	体积模量/GPa	剪切模量/GPa	内摩擦角/(°)	内聚力/MPa	抗拉强度/MPa	岩层厚度/m
砂岩	30	13.8	26	2	1.5	66.5
粉砂岩	32	8.35	27	8	2	3
中粒砂岩	28	10.7	27	5	1.5	2
粉砂岩	32	8.35	35	8	2	12
中粒砂岩	32	8.35	27	8	2	2
粉砂岩	32	8.35	25	8	2	2
煤	25	16.5	30	2.2	0.9	1
泥岩	24	16.5	35	3	0.9	2
中粒砂岩	28	10.7	25	5	1.5	2.5
粉砂岩	32	8.35	25	8	2	2
中粒砂岩	28	10.7	25	5	1.5	9
细粒砂岩	32	8.35	25	8	2	3
泥岩	24	16.5	35	3	0.9	1
2煤	25	16.5	30	2.2	0.9	3
粉砂岩	32	8.35	25	8	2	2
泥岩	24	16.5	35	3	0.9	3
粉砂岩	32	8.35	15	8	2	3
砂岩	30	13.8	20	6	1	6
砂岩	30	13.8	30	4	3	6

柱状	层序号	岩层划分	岩层深度/m	岩厚/m	岩石名称	岩性描述
			593.52	2.10	中粒砂岩	中砂岩：灰白色，以石英为主，含少量黑色矿物，滚圆状，接触式钙质胶结
	1	基本顶	605.96	12.44	粉砂岩	粉砂岩：深灰色，泥质胶结，含轮木
	2		607.10	1.14	中粒砂岩	中砂岩：灰色，灰白色，以石英为主，含少量黑色矿物及煤屑
	3		607.67	0.57	粉砂岩	粉砂岩：深灰色，泥质胶结，富含植物化石碎片，中部夹灰白色
	4		607.97	0.30	煤	煤：黑色，暗煤，大部分为粉末状
	5		609.20	1.23	泥岩	泥岩：深灰色，块状，含植物化石碎片
	6		609.70	0.50	黏土泥岩	黏土泥岩：灰色，块状，具滑感
	7		612.12	2.42	中粒砂岩	中砂岩：灰白色，以石英为主，长石次之，含少量黑色矿物及煤屑，滚圆状
	8		612.17	0.05	煤	煤：黑色，粉末状
	9		612.77	0.60	粉砂岩	粉砂岩：深灰色，泥质胶结，含灰白色细砂岩条带
	10	基本顶	621.48	8.71	中粒砂岩	中砂岩：灰白色，以石英为主，含少量黑色矿物，上部局部具鲕状结构的泥质条带，滚圆状，接触式钙质胶结，分选性良好，厚层斜层理及交错层理，夹深灰色粉砂岩条带，底部为水平层理，局部具圆心构造
	11	直接顶	624.70	3.22	细粒砂岩	细砂岩：灰色，富含煤纹，含少量白云母片，水平层理及斜层理，下部含灰黑色粉砂岩条带，颗粒向下渐变细
	12	伪顶	625.15	0.45	泥岩	泥岩：黑灰色，层理不清，上部夹粉砂岩薄层
	13	2煤	628.05	2.90	2煤层	煤
	14	直接底	630.08	2.03	粉砂岩	粉砂岩：黑灰色，泥质胶结，富含植物化石碎片，夹灰白色细砂岩条带，细水平层理
	15		632.78	2.70	泥岩	泥岩：灰黑色，细水平层理，中部含菱铁矿矿核
	16		633.88	1.10	粉砂岩	粉砂岩：灰色，泥质胶结，层理不清，顶部夹灰白色细砂岩薄层

图 3-4　L-70 钻孔柱状图

（4）模拟步骤

① 建立数值计算模型，原岩应力平衡计算。

② 模拟开挖 2-603 工作面，模型应力平衡计算。

③ 数据提取与后处理。

（5）模型开挖

数值模拟分析中开挖分为一次开挖、分步开挖和充填开挖，多数岩石工程不是一次开挖完成的，而是多次开挖完成的。由于岩石材料的非线性，其受力后的应力状态具有加载途径性，因此前面每次开挖都对后面开挖产生影响，施工顺序不同，开挖步骤不同，都有各自不同的最终力学效应，也即有不同的岩石工程稳定性状态。究竟选择哪一种开挖方式，要根据工程的实际要求而定。针对煤层开采后上覆岩层产生的裂隙分布规律的研究目的，走向模型采用分步开挖，倾向模型采用一次开挖。

3.3.2　工作面倾向覆岩采动裂隙分布规律

3.3.2.1　模型的确定

（1）模型范围

计算模型尺寸宽×高＝400 m×190 m，岩层倾角为8°，工作面采高为3 m。

（2）边界约束条件及运算模型

模型的左、右及下边界均为位移固定约束边界，上边界为应力边界，按上覆岩层厚度施加均布载荷，根据霍州煤电集团有限责任公司《李雅庄煤矿巷道围岩地质力学测试报告》中第二测站（2-603 工作面附近）地应力测量结果，水平地应力为 9.22 MPa，垂直应力 14.49 MPa，侧压系数为 0.636 3。围岩本构关系采用 Mohr-Coulumb 模型[99]。

（3）网格划分

原则上是划分得越细越好，但由于模型解算范围较大和计算机容量的限制，不可能将网格划分得很细。模型网格划分如图 3-5 所示，模型应力平衡如图 3-6 所示。

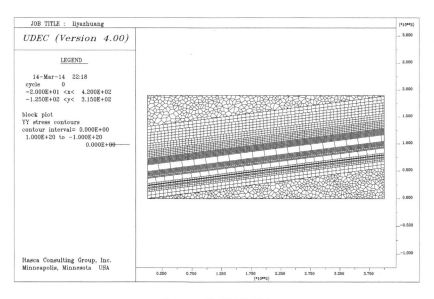

图 3-5　模型网格划分

3.3.2.2　采场覆岩采动裂隙分布规律

2-603 工作面倾向长 230 m，上端头位于模型中 $X＝297$ m 处，下端头位于模型中 $X＝71$ m 处。工作面开采后，覆岩采动应力分布规律如图 3-7 所示，覆岩采动裂隙分布规律如图 3-8 所示。由图 3-7、图 3-8 可知：

工作面上端头底板 12 m 处、下端头底板外错 10 m 处处于应力增高区，最大应力分别达到 35 MPa、45 MPa；工作面上端头顶板 51 m 处、下端头顶板 62 m 处处于应力增高区，最大应力达到 45 MPa。这些区域裂隙不发育。

工作面中部没有支撑，工作面回采后，直接顶发生冒落，导致基本顶大面积垮落，冒落岩石被上覆岩层逐渐压实，这一区域应力处于逐渐恢复状态。由于基本顶的大面积垮落，导致

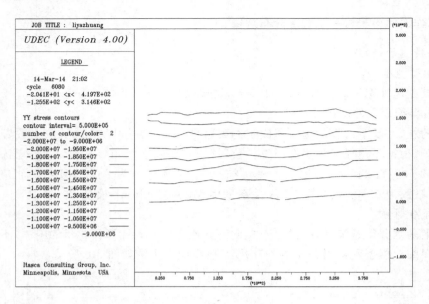

图 3-6　模型应力平衡图

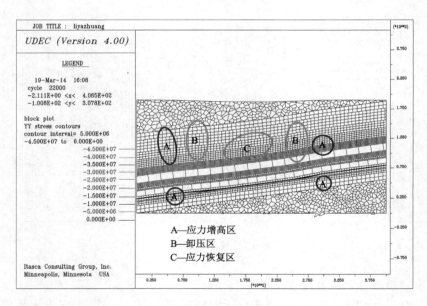

图 3-7　覆岩采动应力分布规律

这些区域裂隙较发育。

　　因工作面上、下边界煤壁支撑作用,导致工作面上、下端头上部岩层不能充分垮落,形成了"砌体梁"结构,这一区域处于卸压区。上端头内侧 29～55 m、下端头内侧 14～63 m 范围内处于卸压区,这些区域裂隙发育。

3.3.2.3　工作面上、下端头覆岩采动裂隙分布特征

　　(1)上端头覆岩采动裂隙分布特征

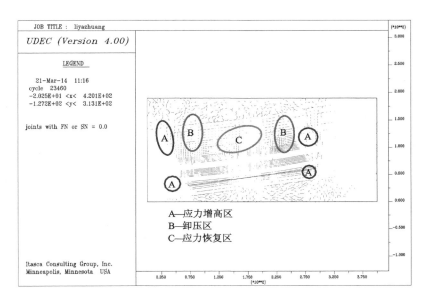

图 3-8 覆岩采动裂隙分布规律

工作面上端头覆岩采动裂隙分布规律如图 3-9 所示,覆岩采动裂隙在垂直方向上主要集中在两个区域,第一个区域距离底板 13.0～25.0 m,宽度约为 65.0 m,距离采空区边界 12.0 m;第二个区域距离底板 38.6～50.0 m,宽度约为 50.0 m,距离采空区边界 28.0 m,且在上山采动角 62°以内。

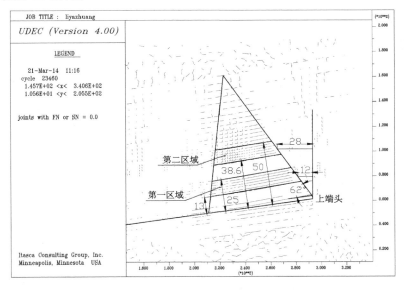

图 3-9 上端头覆岩采动裂隙分布特征

(2) 下端头覆岩采动裂隙分布规律

工作面下端头覆岩采动裂隙分布规律如图 3-10 所示,受覆岩采动应力分布影响,裂隙主要集中在两个区域。第一个区域距离底板 13.0～25.0 m,宽度约为 57.5 m,距离采空区

边界 7.3 m;第二个区域距离底板 38.6～50.0 m,宽度为 35.4 m,距离采空区边界 15.1 m,
且在下山采动角 65°以内。

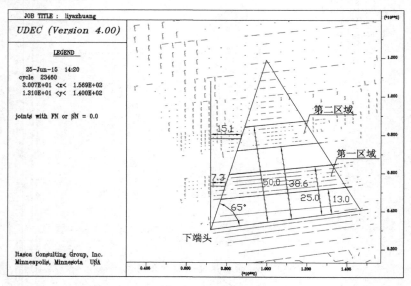

图 3-10　下端头覆岩采动裂隙分布特征

3.3.3　工作面走向覆岩采动裂隙分布规律

3.3.3.1　模型的确定

（1）模型范围

计算模型尺寸宽×高＝300 m×127 m,采煤工作面采高为 3 m。

（2）边界约束条件及运算模型

模型的左、右及下边界均为位移固定约束边界,上边界为应力边界,按上覆岩层厚度施
加均布载荷。根据霍州煤电集团有限责任公司《李雅庄煤矿巷道围岩地质力学测试报告》中
第二测站(2-603 工作面附近)地应力测量结果,水平地应力为 9.22 MPa,垂直应力为 14.49
MPa,侧压系数为 0.636 3。围岩本构关系采用 Mohr-Coulumb 模型[98]。

（3）网格划分

原则上是划分得越细越好,但由于模型解算范围较大和计算机容量的限制,不可能将网
格划分得很细,模型网格划分如图 3-11 所示,模型应力平衡如图 3-12 所示。

3.3.3.2　采场覆岩采动裂隙分布规律

2-603 工作面周期来压步距约为 15 m,模型自右向左开挖,每次开挖 15 m,运行 6 000
时步,考虑边界效应,共开挖 195 m。其中,开挖 90～195 m 时覆岩采动裂隙分布规律如图
3-13 所示,覆岩塑性区分布规律如图 3-14 所示。

由图 3-13～图 3-14 可知,随着工作面推进,直接顶垮落,基本顶周期性断裂,顶板裂隙
经历了由无到发育、再到逐渐闭合的动态演化过程。超前工作面 5～20 m,裂隙逐渐张开;
当基本顶周期性断裂时,裂隙发育;随着工作面的推进,采空区冒落岩石逐渐压实,滞后工作
面 60 m 顶板裂隙逐渐闭合。覆岩采动裂隙主要集中分布在工作面后方 15.0～45.0 m 范

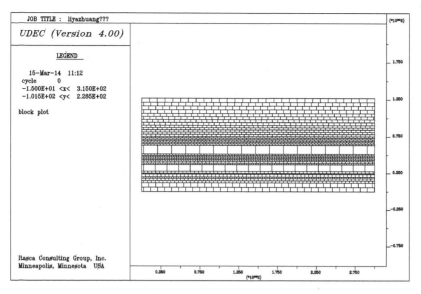

图 3-11 模型网格划分

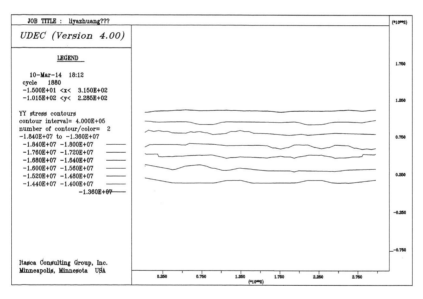

图 3-12 模型应力平衡图

围内,垂直方向上距煤层顶板 0.0~24.5 m、37.0~44.0 m 区域内。

3.3.3.3 采场覆岩采动裂隙动态演化规律

掌握采场覆岩采动裂隙演化规律对确定高抽巷及高位钻孔终孔位置具有重要的理论指导意义,但在工作面回采过程中,无法直接观测采场覆岩采动裂隙演化过程,本节通过数值模拟再现采场覆岩采动裂隙动态演化过程。以工作面开挖 105 m 为例,每运行 1 000 时步记录覆岩采动裂隙发育特征和塑性区分布特征;通过对比分析,确定采场覆岩在应力平衡过程中采动裂隙集中发育区域。岩体发生塑性变形时不一定在岩体内产生裂隙,但岩体发生

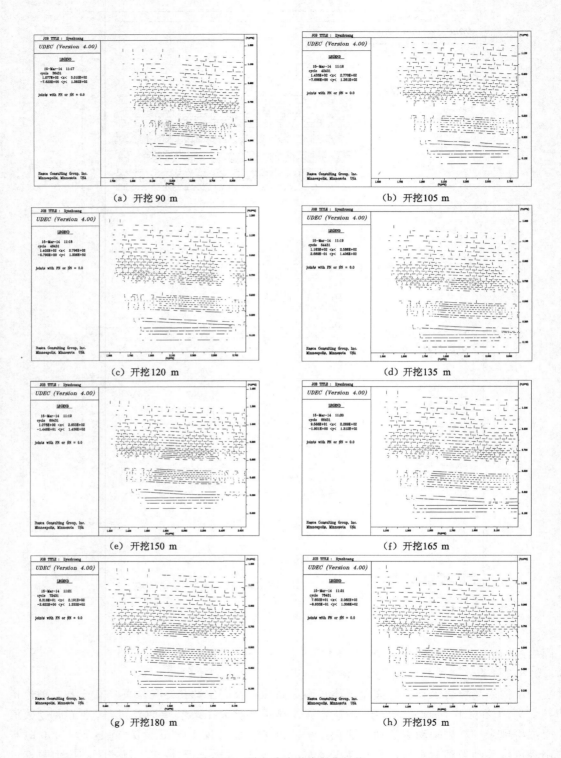

(a) 开挖 90 m

(b) 开挖 105 m

(c) 开挖 120 m

(d) 开挖 135 m

(e) 开挖 150 m

(f) 开挖 165 m

(g) 开挖 180 m

(h) 开挖 195 m

图 3-13　覆岩采动裂隙变化规律

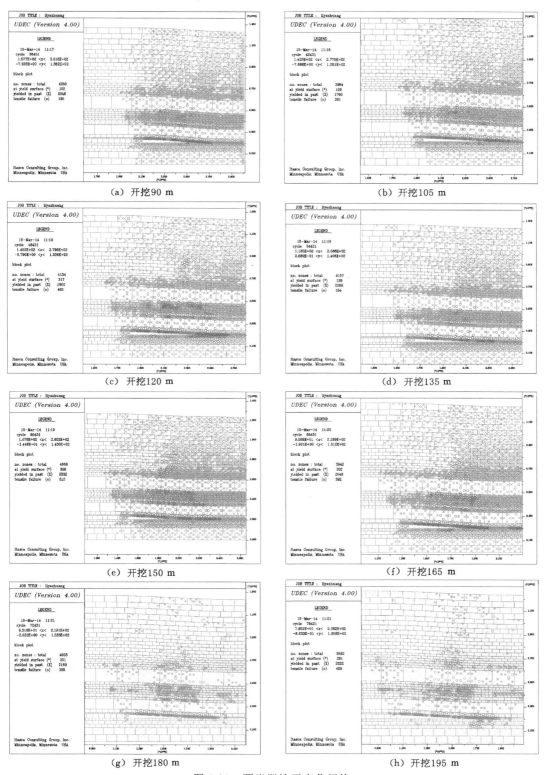

（a）开挖90 m

（b）开挖105 m

（c）开挖120 m

（d）开挖135 m

（e）开挖150 m

（f）开挖165 m

（g）开挖180 m

（h）开挖195 m

图 3-14　覆岩塑性区变化规律

拉伸破坏时,岩体内部一定产生了裂隙。因此,观测采场覆岩拉伸破坏集中区域位置及范围的演化,来再现采场覆岩采动裂隙动态演化过程。各运行时步采动裂隙发育特征和塑性区分布特征如图 3-15～图 3-23 所示。

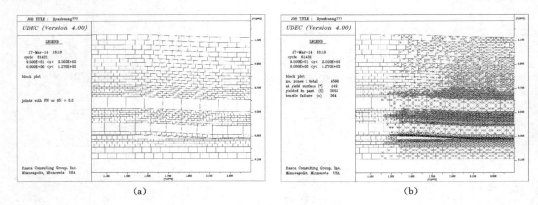

(a)　　　　　　　　　　　　　　　(b)

图 3-15　运行 1 000 步

(a) 裂隙发育特征;(b) 塑性区分布特征

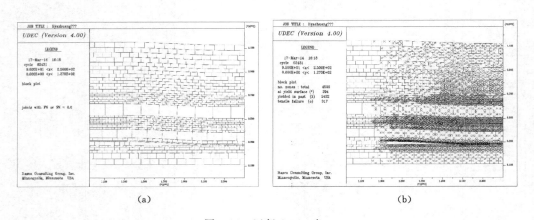

(a)　　　　　　　　　　　　　　　(b)

图 3-16　运行 2 000 步

(a) 裂隙发育特征;(b) 塑性区分布特征

由图 3-15 可知,当工作面开挖后运行 1 000 时步,在原有应力的状态下,随着工作面的开挖,应力平衡破坏,应力重新分布,裂隙主要分布在采空区上方和工作面前方 30 m 内,拉伸破坏呈零散状分布,发生拉伸破坏有 264 处,发生塑性变化有 2 552 处。

由图 3-16 可知,当工作面开挖后运行 2 000 时步,随着运行 1 000 时步后,应力持续重新分布,刚经过煤层开采的直接顶拉伸破坏,趋于垮落,直接顶中发生拉伸破坏产生裂隙。裂隙主要分布在采空区上方和工作面前方 30 m 内,拉伸破坏还呈零散状分布,发生拉伸破坏有 317 处,发生塑性变化有 2 422 处。

由图 3-17 可知,当工作面开挖后运行 3 000 时步,随着运行 2 000 时步后,应力持续重新分布,刚经过煤层开采的直接顶拉伸破坏,随着垮落,基本顶中 1 发生拉伸破坏产生裂隙。裂隙主要分布在采空区上方和工作面前方 30 m 内,拉伸破坏区域主要在工作面后水平 15

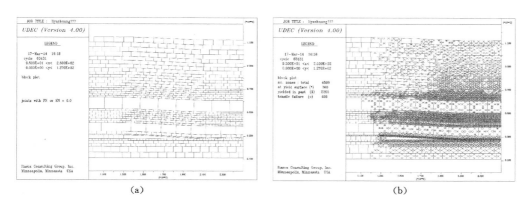

(a)　　　　　　　　　　　　　　　(b)

图 3-17　运行 3 000 步

（a）裂隙发育特征；（b）塑性区分布特征

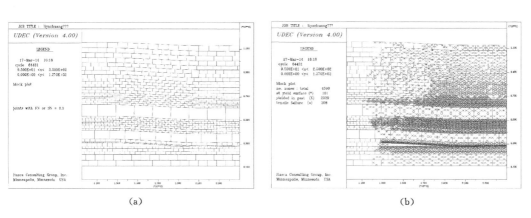

(a)　　　　　　　　　　　　　　　(b)

图 3-18　运行 4 000 步

（a）裂隙发育特征；（b）塑性区分布特征

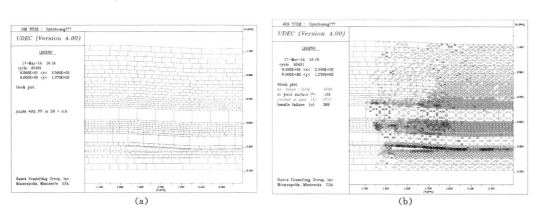

(a)　　　　　　　　　　　　　　　(b)

图 3-19　运行 5 000 步

（a）裂隙发育特征；（b）塑性区分布特征

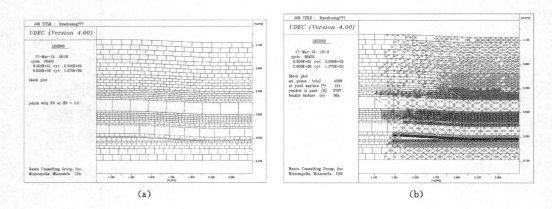

(a)   (b)

图 3-20　运行 6 000 步

（a）裂隙发育特征；（b）塑性区分布特征

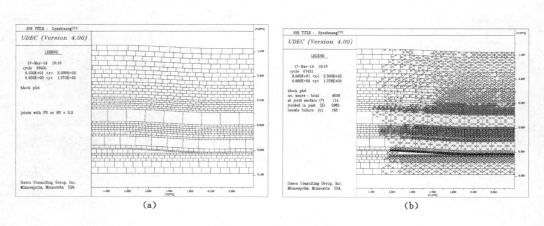

(a)   (b)

图 3-21　运行 7 000 步

（a）裂隙发育特征；（b）塑性区分布特征

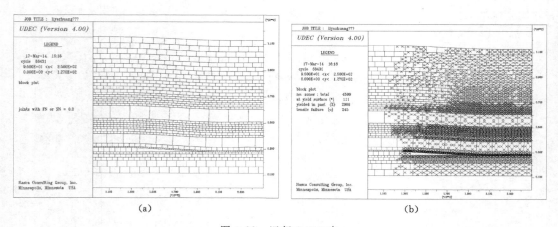

(a)   (b)

图 3-22　运行 8 000 步

（a）裂隙发育特征；（b）塑性区分布特征

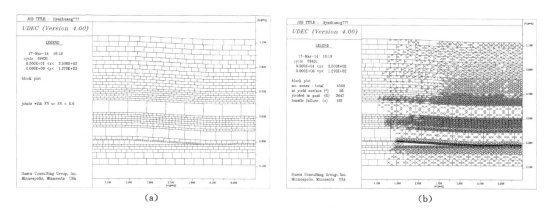

(a)   (b)

图 3-23　运行 9 000 步

(a) 裂隙发育特征；(b) 塑性区分布特征

～90 m 处分布，高度为 0～50 m，拉伸破坏区域主要集中在基本顶 1 和基本顶 2 之间，发生拉伸破坏有 488 处，发生塑性变化有 2 265 处。

由图 3-18 可知，当工作面开挖后运行 4 000 时步，随着运行 3 000 时步后，应力持续重新分布，直接顶垮落，基本顶 1 发生拉伸破坏产生裂隙。裂隙主要分布在采空区上方和工作面前方 30 m 内，拉伸破坏区域主要在工作面后水平 30～45 m 处分布，高度为 0～50 m，拉伸破坏区域主要集中在基本顶 1 和基本顶 2 之间，发生拉伸破坏有 208 处，发生塑性变化有 2 929 处。

由图 3-19 可知，当工作面开挖后运行 5 000 时步，随着运行 4 000 时步后，应力持续重新分布，直接顶垮落，直接顶中 1 发生拉伸破坏产生裂隙。裂隙主要分布在采空区上方和工作面前方 30 m 内，拉伸破坏区域主要在工作面后水平 15～45 m 处分布，高度为 0～50 m，拉伸破坏区域主要在基本顶 1 和基本顶 2 之间集中，发生拉伸破坏有 366 处，发生塑性变化有 2 713 处。

由图 3-20 可知，当工作面开挖后运行 6 000 时步，随着运行 5 000 时步后，应力持续重新分布，直接顶垮落，直接顶中 1 发生拉伸破坏产生裂隙。裂隙特征和塑性分布特征与运行 5 000 时步后特征差异很小，发生拉伸破坏有 364 处，发生塑性变化有 2 707 处。

由图 3-21 可知，当工作面开挖后运行 7 000 时步，随着运行 6 000 时步后，应力区域平衡，直接顶垮落，直接顶中 1 发生拉伸破坏产生裂隙。拉伸破坏区域主要为伪顶和直接顶，原有拉伸破坏变为塑性区，发生拉伸破坏有 165 处，发生塑性变化有 2 985 处。

由图 3-22 可知，当工作面开挖后运行 8 000 时步，随着运行 7 000 时步后，应力趋于平衡，直接顶垮落，直接顶中 1 发生拉伸破坏产生裂隙。拉伸破坏区域主要为伪顶和直接顶，较运行 7 000 时步后，基本顶 2 也发生了拉伸破坏，高度最大为 40.2 m，发生拉伸破坏有 245 处，发生塑性变化有 2 909 处。

由图 3-23 可知，当工作面开挖后运行 9 000 时步，随着运行 8 000 时步后，应力平衡，直接顶垮落，直接顶发生拉伸破坏产生裂隙。拉伸破坏区域主要为伪顶和直接顶，较运行 8 000 时步后特征差异不大，主要为拉伸破坏处减少，发生拉伸破坏有 192 处，产生塑性变化有 3 047 处。

综合图 3-15～图 3-23 可知,块体间采动裂隙变化不大,但塑性区和拉伸破坏区分布范围变化大,拉伸破坏区域水平方向上集中分布在工作面后方 15～45 m 范围,垂直方向上在工作面上方 13.0～40.5 m 范围。

3.3.4 模拟结论

(1) 工作面上、下端头上部岩层不能充分垮落,形成了"砌体梁"结构,这一区域处于卸压区。上端头内侧 29～55 m、下端头内侧 14～63 m 范围内处于卸压区,这些区域裂隙发育。

(2) 工作面上端头覆岩采动裂隙呈现"分区"分布特征,第一个区域距离底板 13.0～25.0 m,宽度约为 65.0 m,距离采空区边界 12.0 m;第二个区域距离底板 38.6～50.0 m,宽度约为 50.0 m,距离采空区边界 28.0 m,且在上山采动角 62°以内。

(3) 随着工作面的推进,直接顶垮落,导致基本顶周期性断裂,顶板裂隙也周期性地发生动态演化,顶板裂隙经历了由无到发育、再到逐渐闭合的过程。超前工作面 5～20 m,裂隙逐渐张开;当基本顶周期性断裂时,裂隙最为发育;随着工作面的推进,采空区冒落岩石逐渐压实,滞后工作面 60 m 顶板裂隙逐渐闭合。顶板裂隙主要集中分布在工作面后方 15.0～45.0 m 范围内,垂直方向上距煤层顶板 0.0～24.5 m、37.0～44.0 m 范围内。

(4) 工作面回采过程中,采场覆岩塑性区和拉伸破坏区分布范围变化大,拉伸破坏区域水平方向上集中分布在工作面后方 15～45 m 范围,垂直方向上在工作面上方 13.0～40.5 m 范围。因此,为提高卸压瓦斯抽采效果,可将高抽巷及高位钻孔终孔布置在这一区域。

3.4 覆岩采动裂隙动态演化规律 RFPA²ᴰ 数值模拟分析

3.4.1 RFPA²ᴰ 概述

RFPA 软件是基于 RFPA(Realistic Failure Process Analysis)方法研发的一个能够模拟材料渐进破坏的数值试验工具,其计算方法基于有限元理论和统计损伤理论。该方法考虑了材料性质的非均性、缺陷分布的随机性,并把这种材料性质的统计分布假设结合到数值计算方法(有限元法)中,对满足给定强度准则的单元进行破坏处理,从而使得非均匀性材料破坏过程的数值模拟得以实现。因 RFPA 软件独特的计算分析方法,使其能解决岩土工程中多数模拟软件无法解决的问题。

3.4.2 模型的建立

(1) 模型尺寸

为分析覆岩采动裂隙时空演化规律,参照 L-70 钻孔柱状,根据 2-603 工作面地质条件,建立二维平面应变模型,水平方向取 400 m,垂直方向取 150 m。走向模型简化后岩层共有 21 层,倾向模型简化后岩层共有 19 层,覆岩压力以自重形式作用在模型上部边界,水平方向位移约束为垂直移动。原始模型如图 3-24 所示。

(2) 煤岩层力学参数

煤岩层力学参数如表 3-12 所示。

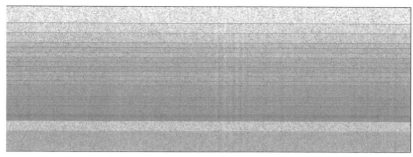

(a)

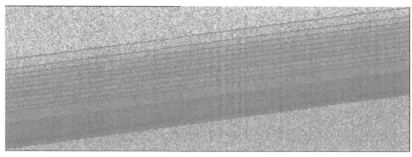

(b)

图 3-24　原始模型

（a）走向；（b）倾向

表 3-12　　　　　　　　　　　　　　　　　　煤岩层力学参数

序号	岩层名称	均值度	弹模/MPa	抗压强度/MPa	泊松比	密度/(10⁻⁵N/mm³)	厚度/m	备注
1	粗粒砂岩	5	18 000	160	0.3	2.57	18	
2	细粒砂岩	5	14 000	140	0.28	2.48	10	
3	中粒砂岩	6	10 000	100	0.26	2.65	10	
4	粗粒砂岩	5	7 000	70	0.26	2.57	5	
5	中粒砂岩	6	6 000	80	0.27	2.65	5	
6	粗粒砂岩	5	8 000	60	0.24	2.57	5	
7	粉砂岩	6	9 000	80	0.26	2.65	5	
8	粗粒砂岩	5	8 000	60	0.25	2.57	5	
9	中粒砂岩	6	6 000	80	0.24	2.65	5	
10	粗粒砂岩	5	5 000	45	0.25	2.57	5	
11	中粒砂岩	6	6 000	80	0.24	2.6	5	
12	粗粒砂岩	5	8 000	60	0.22	2.57	4	
13	粉砂岩	5	6 000	50	0.25	2.56	12	关键层Ⅱ
14	砂质泥岩	6	3 000	40	0.23	2.65	3	
15	铝质泥岩	6	4 000	45	0.22	2.56	3	

序号	岩层名称	均值度	弹模/MPa	抗压强度/MPa	泊松比	密度/(10⁻⁵N/mm³)	厚度/m	备注
16	粉砂岩	5	6 000	50	0.24	2.52	3	
17	中粒砂岩	5	4 000	35	0.23	2.65	9	关键层Ⅰ
18	细粒砂岩	6	1 500	28	0.21	2.65	4	
19	2 煤	3	2 000	25	0.35	1.5	4	
20	粉砂岩	5	10 000	100	0.28	2.56	10	
21	粗粒砂岩	7	14 000	120	0.3	2.57	20	

（3）模型开挖

走向模型采用分步开挖，距模型左侧边界 105 m 处，从左向右开始开挖，每次开挖 15 m，共开挖 13 步、195 m，右侧留设 100 m 边界。

倾向模型采用一次开挖，开挖长度为 230 m，左、右两侧各留设 85 m 边界。

（4）模拟步骤

① 建立数值计算模型，原岩应力平衡计算。

② 模拟开挖 2-603 工作面，模型应力平衡计算。

③ 数据提取与后处理。

3.4.3　工作面走向覆岩裂隙分布特征

（1）采场覆岩运移规律

工作面开挖过程如图 3-25 所示。

由图 3-25 可知，开挖 15 m 时，在岩层重力作用下，采空区中部直接顶开始出现裂隙；开挖 30 m 时，直接顶开始离层；开挖 45 m 时，直接顶开始垮落。开挖 60 m 时，9 m 厚中粒砂岩基本顶（关键层Ⅰ）断裂，工作面初次来压，初次来压步距为 60 m；此时 12 m 厚粉砂岩基本顶（关键层Ⅱ）下伏岩层开始离层；开挖 75 m 时，离层进一步增加。开挖 90 m 时，关键层Ⅱ发生断裂，导致工作面第二次来压。开挖 105 m 时，采场顶板发生大范围垮落，冒落带高度约为 15 m；裂隙带高度约为 50 m，采场覆岩裂隙发育，裂隙呈现"分区"分布特征，且主要集中在三个区域，分别位于关键层Ⅰ之下、关键层Ⅰ与关键层Ⅱ之间、关键层Ⅱ之上。随着工作面继续开挖至 195 m 时，顶板发生周期性垮落，导致工作面周期性来压，周期来压步距约为 15 m；上覆岩层内裂隙也周期性发生动态演化，上覆岩层裂隙经历了由无到发育、再到逐渐闭合的过程；在采空区中部，垮落岩层逐渐被压实，导致覆岩内裂隙逐渐减小，甚至闭合。岩层间的穿层裂隙主要分布在工作面后方 15.0～45.0 m 范围内，垂直方向上距煤层顶板 0～15 m、30～50 m 范围内。

（2）采场覆岩剪应力变化规律

工作面开挖过程中，采场剪应力变化规律如图 3-26 所示。

由图 3-26 可知，工作面开挖后，上覆岩层的原岩应力场平衡状态被打破，在重力作用下，层岩发生渐进破坏。开挖 15 m 时，采空区顶板应力立刻释放并向两侧转移。开挖 45 m 时，在顶板及关键层发生弯曲变形产生离层的过程中，应力集中区分布在离层两端，且以拉

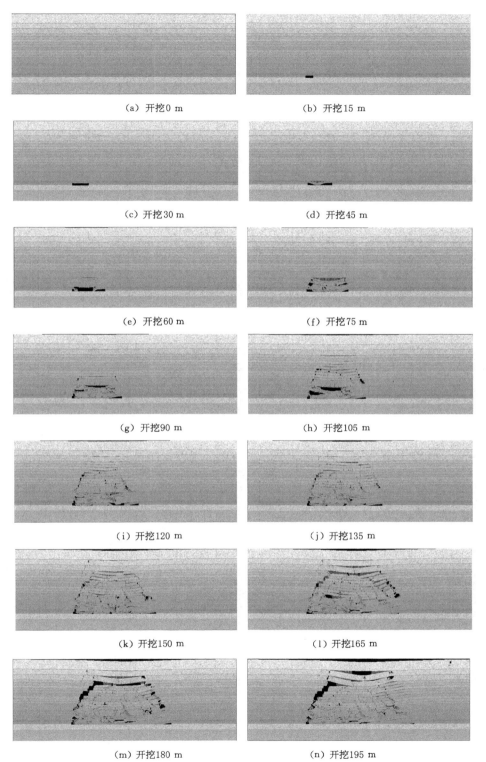

(a) 开挖0 m

(b) 开挖15 m

(c) 开挖30 m

(d) 开挖45 m

(e) 开挖60 m

(f) 开挖75 m

(g) 开挖90 m

(h) 开挖105 m

(i) 开挖120 m

(j) 开挖135 m

(k) 开挖150 m

(l) 开挖165 m

(m) 开挖180 m

(n) 开挖195 m

图 3-25 采场覆岩运移规律

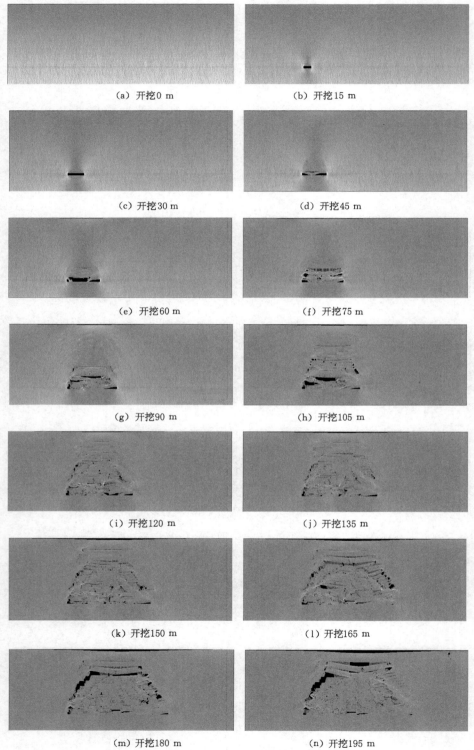

(a) 开挖0 m (b) 开挖15 m

(c) 开挖30 m (d) 开挖45 m

(e) 开挖60 m (f) 开挖75 m

(g) 开挖90 m (h) 开挖105 m

(i) 开挖120 m (j) 开挖135 m

(k) 开挖150 m (l) 开挖165 m

(m) 开挖180 m (n) 开挖195 m

图 3-26 采场覆岩剪应力变化规律

应力为主,压应力在采空区左上角和右上角位置的集中尤其明显。当开挖 105 m 时,顶板及关键层断裂,上覆岩层垮落,导致裂隙发育,并逐渐贯通;在基本顶未垮落至地表以前,支承压应力升高区和拉应力升高区的范围随采空范围增大而增大。当开挖 120 m 时,基本顶完全垮落,压应力升高区在垂直方向上变窄,基本顶出现切落失稳,导致压力拱消失。

(3) 采场覆岩 AE 变化规律

工作面开挖过程中采场覆岩 AE 变化规律如图 3-27 所示。

由图 3-27 可知,随着工作面开挖,裂隙场的分布状态明显不同,覆岩裂隙经历孕育、扩展、贯通、闭合的过程。工作面开挖初(0~45 m),上覆岩层处于原岩应力场,覆岩损伤较小,应力变化不大,声发射不明显,但声发射逐渐向更高岩层发展。随着工作面继续开挖(45~90 m),在覆岩重力作用下,原岩应力场被破坏,采空区周围煤岩体应力重新分布,应力值逐渐增大,在采空区两侧上方出现明显损伤,覆岩发生破碎,声发射明显,裂隙开始孕育,上覆岩层在支承压力作用下未发生大面积垮落,覆岩内岩层宏观裂隙较少,采动裂隙场并没有完全贯通。随着工作面继续开挖(90~120 m),覆岩出现不同程度卸压,工作面上方一定范围内岩层应力大于原始应力,覆岩产生弹性变形,产生的弹性能对岩体做功,使岩体产生破坏和位移,导致覆岩内裂纹进一步扩展,最终贯通形成采动裂隙场。随着工作面继续开挖(120~195 m),因关键层周期性断裂控制了覆岩周期性垮落,覆岩出现明显破坏,采空区周边离层量或离层率较其中部大;工作面前方顶板能量密度较大,表明工作面受到开挖引起支撑压力时能量释放大,煤岩体由弹性状态转变为塑性状态,采动裂隙场贯通。声发射是岩层发生断裂、垮落的前兆信息,声发射密集程度表明了采场覆岩"三带"分布情况,距底板 0~15 m 范围内声发射密集,为冒落带;距底板 35~55 m 范围内声发射较密集,为裂隙带;之上为弯曲下沉带,如图 3-27(n)所示。

3.4.4 工作面倾向覆岩裂隙分布特征

工作面开挖后,采场覆岩运移规律、剪应力分布规律、AE 分布规律分别如图 3-28~图 3-30 所示。

由图 3-28 可知,工作面开挖后,在采空区中部,采场覆岩整体垮落下沉,岩层被压实,采动裂隙不发育;在工作面上、下端头处,因受煤壁支撑作用未能垮落下沉,形成了"砌体梁"结构,采动裂隙发育。在工作面上端头处,采动裂隙呈现"分区"分布特征,且主要集中在三个区域,分别位于关键层Ⅰ之下、关键层Ⅰ与关键层Ⅱ之间、关键层Ⅱ之上。

由图 3-29 可知,工作面开挖后,因受采场覆岩重力作用,采空区中部整体下沉并逐渐压实,导致采空区中部剪应力较小;但在工作面上、下端头处,受煤壁支撑作用,上方剪应力最大,剪应力整体呈现"倒台阶"分布规律,并在关键层Ⅰ、关键层Ⅱ处存在应力集中现象。

由图 3-30 可知,工作面开挖后,采场覆岩自下而上大范围发生运移,岩层主要以拉剪破坏为主,导致声发射强烈。采场覆岩声发射整体呈现"分区"分布特征,距底板 0~15 m 范围内声发射密集,为冒落带;距底板 35~55 m 范围内声发射较密集,为裂隙带;之上为弯曲下沉带。

3.4.5 模拟结论

(1) 在工作面走向方向上,岩层间的穿层裂隙主要分布在工作面后方 15.0~45.0 m 范围内,垂直方向上距煤层顶板 0~15 m、30~50 m 范围内。采场覆岩"三带"分布明显,距底

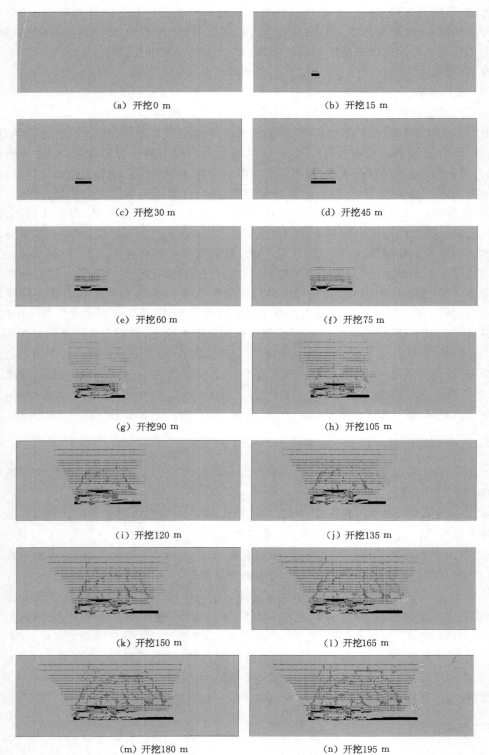

（a）开挖0 m　　　　　　　（b）开挖15 m
（c）开挖30 m　　　　　　　（d）开挖45 m
（e）开挖60 m　　　　　　　（f）开挖75 m
（g）开挖90 m　　　　　　　（h）开挖105 m
（i）开挖120 m　　　　　　　（j）开挖135 m
（k）开挖150 m　　　　　　　（l）开挖165 m
（m）开挖180 m　　　　　　　（n）开挖195 m

图 3-27　采场覆岩 AE 变化规律

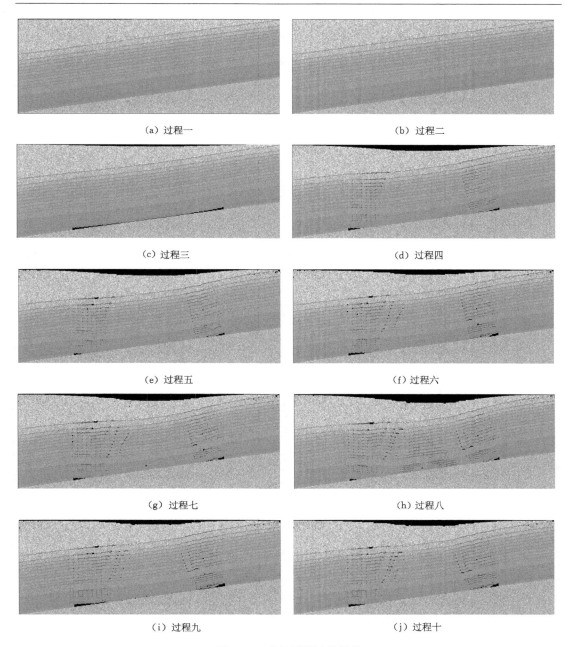

(a) 过程一 　　　　　　　　　　　　　(b) 过程二

(c) 过程三 　　　　　　　　　　　　　(d) 过程四

(e) 过程五 　　　　　　　　　　　　　(f) 过程六

(g) 过程七 　　　　　　　　　　　　　(h) 过程八

(i) 过程九 　　　　　　　　　　　　　(j) 过程十

图 3-28 采场覆岩运移规律

板 0~15 m 范围内声发射密集,为冒落带;距底板 35~55 m 范围内声发射较密集,为裂隙带;之上为弯曲下沉带。

(2) 在工作面倾向方向上,采空区中部采场覆岩整体垮落下沉,岩层被压实,采动裂隙不发育;在工作面上、下端头处,因受煤壁支撑作用未能垮落下沉,形成了"砌体梁"结构,采动裂隙发育。在工作面上端头处,采动裂隙呈现"分区"分布特征,且主要集中在三个区域,分别位于关键层Ⅰ之下、关键层Ⅰ与关键层Ⅱ之间、关键层Ⅱ之上。

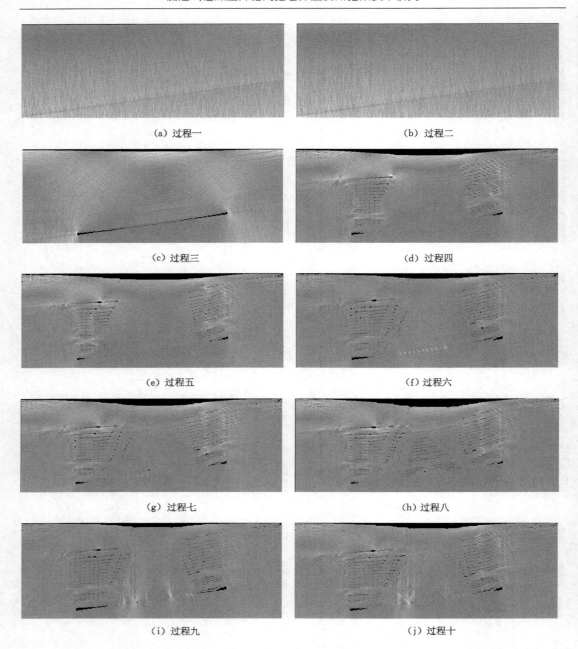

图 3-29 采场剪应力分布规律

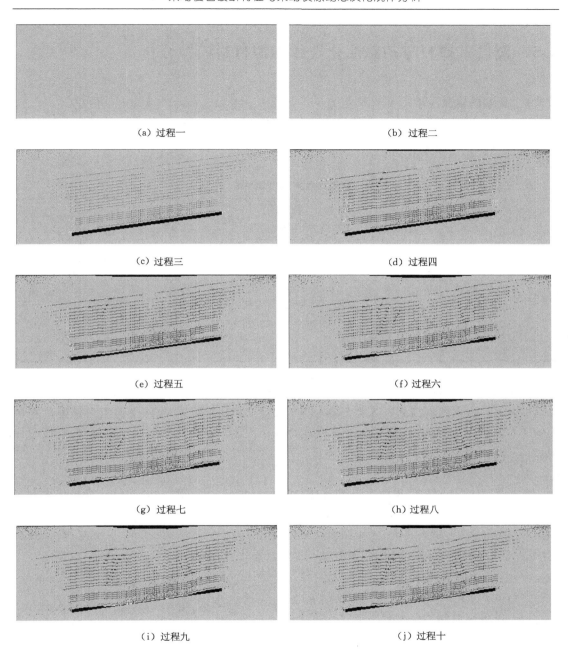

(a) 过程一　　　　　　　　　　　　　　　　(b) 过程二

(c) 过程三　　　　　　　　　　　　　　　　(d) 过程四

(e) 过程五　　　　　　　　　　　　　　　　(f) 过程六

(g) 过程七　　　　　　　　　　　　　　　　(h) 过程八

(i) 过程九　　　　　　　　　　　　　　　　(j) 过程十

图 3-30　采场覆岩 AE 分布规律

3.5 覆岩采动裂隙动态演化规律相似材料模拟分析

3.5.1 模型的建立

3.5.1.1 相似常数的确定

煤岩层物理力学参数如表 3-13 所示。

表 3-13   煤岩层物理力学参数

序号	岩层名称	重度 /(kN/m³)	弹性模量 /MPa	抗压强度 /MPa	泊松比	内聚力 /MPa	剪胀角/(°)	内摩擦角/(°)
1	粉砂岩	26.00	54 739	58.5	0.253	1.3	12	35
2	中粒砂岩	26.60	50 430	65.1	0.28	2.27	10	31
3	泥岩	20.80	20 019	20.5	0.195	0.93	8	31
4	黏土泥岩	13.00	40 500	16	0.25	0.83	8	24
5	细粒砂岩	26.20	43 020	49.1	0.15	1.93	10	42.1
6	2 煤	13.50	15 000	7.95	0.40	1.09	8	39.2

实验采用二维平面应力模型模拟实际处于平面应变状态的岩层,参照 2-603 工作面内 L-70 钻孔柱状,采用规格为长×宽×高=300 cm×20 cm×200 cm 的平面应力模型试验台模拟工作面开挖,模型铺设规格为 200 cm×20 cm×102 cm。根据相似三定理,确定模型几何相似比 $\alpha_1=100$,重度相似比 $\alpha_\gamma=1.69$,时间相似比 $\alpha_t=10$,强度相似比为 $\alpha_R=169$。

3.5.1.2 实验材料配比

实验模型选取的相似材料主要有石膏、砂子、碳酸钙、煤灰等,材料配比计算步骤如下:

(1)各岩层所有材料总质量 G(kg)

$$G=(lwh\gamma_m \times 10^3)/g \tag{3-2}$$

式中 γ_m——材料重度,此处为 15.7 kN/m³;

      g——重力加速度,$g=9.8$ N/kg;

      l、w、h——模型长度、宽度、高度,m。

(2)各层中需要的某种材料质量 m_i(kg)

$$m_i=G \times R_i \tag{3-3}$$

式中 R_i——某种材料在每层中的比例,一般由材料配比号来计算。

设材料配比号为 $AB(10-B)$,则模型中砂子比例为 $A/(A+1)$,石膏比例为 $B/[10(A+1)]$,碳酸钙比例为 $(10-B)/[10(A+1)]$,经计算得各层材料质量如表 3-14 所示。

表 3-14   相似材料模型材料配比

序号	层位	层厚/m	模型厚/cm	配比号	沙子/kg	石膏/kg	碳酸钙/kg	煤灰/kg
1	中粒砂岩	64	64	737	131.880	5.616	13.104	
2	粉砂岩	12.44	12	728	99.246	1.872	11.232	

序号	层位	层厚/m	模型厚/cm	配比号	沙子/kg	石膏/kg	碳酸钙/kg	煤灰/kg
3	中粒砂岩	1.71	2	737	16.485	0.702	1.638	
4	煤	0.3	1	928	4.239	0.187	0.749	4.239
5	泥岩	1.73	2	828	16.747	0.416	1.664	
6	中粒砂岩	2.42	3	737	24.728	1.053	2.457	
7	粉砂岩	0.6	1	728	8.243	0.234	0.936	
8	中粒砂岩	8.71	9	737	74.236	2.106	7.371	
9	细粒砂岩	3.67	4	746	32.970	1.872	2.808	
10	2 煤	2.9	4	928	16.956	0.562	2.246	16.956
	总计	98.48	102		916.121	36.967	91.707	21.195

3.5.1.3　实验原始模型

相似材料以细河沙子为骨料,碳酸钙和石膏为胶结料,云母片模拟岩层层理结构。实验原始模拟如图 3-31 所示。

图 3-31　实验原始模型

3.5.1.4　模型开挖

(1) 2-603 工作面开挖

模型自左向右开挖模拟 2-603 工作面开采,开挖步距为 15 cm,共开挖 195 cm。在距模型左侧 120 cm、225 cm,距顶板 25 cm 处开挖高为 3 cm、宽为 4 cm 高抽巷,模拟 2-603 工作面开采对内错、外错高抽巷的影响。

(2) 2-605 工作面开挖

2-603 工作面开挖完毕后,模型自右向左开挖模拟 2-605 工作面开采,开挖步距为 20 cm,共开挖 100 cm。2-603、2-605 采空区之间留设 5 cm 窄煤柱。

3.5.2　2-603 工作面覆岩采动裂隙分布特征

3.5.2.1　采场覆岩破断特征

工作面开挖覆岩破断特征如图 3-32 所示。由图 3-32 可知,2 煤上覆岩层中厚度分别为

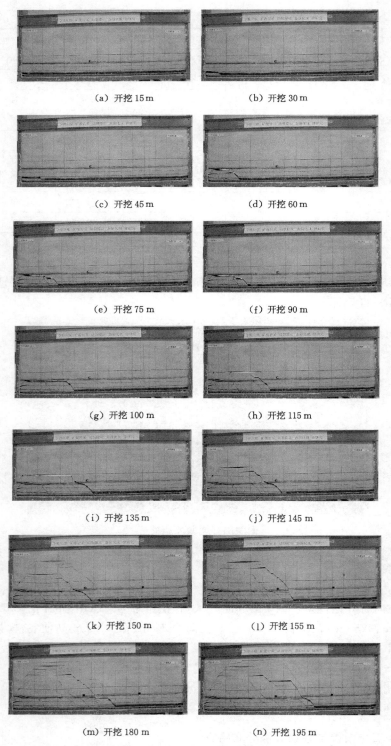

(a) 开挖 15 m (b) 开挖 30 m

(c) 开挖 45 m (d) 开挖 60 m

(e) 开挖 75 m (f) 开挖 90 m

(g) 开挖 100 m (h) 开挖 115 m

(i) 开挖 135 m (j) 开挖 145 m

(k) 开挖 150 m (l) 开挖 155 m

(m) 开挖 180 m (n) 开挖 195 m

图 3-32　工作面开挖覆岩破断特征

8.71 m 中粒砂岩(关键层 I)、12.44 m 粉砂岩(关键层 II)对采场覆岩破断起着控制作用。工作面开挖 30 m 时,直接顶初次垮落,垮落长度为 25 m。开挖 45 m 时,直接顶进一步垮落,垮落长度为 39 m。开挖 60 m 时,关键层 I 发生垮落,工作面初次来压,来压步距为 57 m;关键层 I 所控制的上覆岩层组同步破断运动,关键层 II 承载并呈悬空状态。开挖 75 m 时,关键层 I 破断,工作面发生第 1 次周期来压,来压步距为 15.5 m;关键层 II 下方悬空面积进一步增大。开挖 100 m 时,关键层 I 破断,工作面发生第 2 次周期来压,来压步距为 22 m;关键层 II 出现明显的弯曲下沉。开挖 115 m 时,关键层 I 破断,工作面发生第 3 次周期来压,来压步距为 14 m;关键层 II 发生垮落,形成砌体梁结构。随着工作面继续开挖,关键层 I、关键层 II 先后发生垮落,工作面周期性来压。

3.5.2.2 底板支承压力分布规律

底板支承压力分布规律如图 3-33 所示。由图 3-33 可知,随着工作面开挖,导致基本顶周期性垮落,底板支承应力也发生周期性变化。采空区中部逐渐被压实,导致采空区内离层裂隙和穿层裂隙逐渐闭合;在工作面上、下端头处受煤壁支承作用,导致上覆岩层不能充分垮落,形成了"砌体梁"结构,在煤壁内形成了固定支承压力。煤壁内 0～5 m 为应力降低区,5～25 m 为应力增高区,25 m 以外应力逐渐恢复到原岩应力。

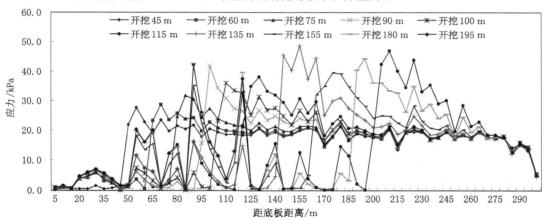

图 3-33 底板应力分布图

3.5.2.3 覆岩采动裂隙演化规律分析

(1)关键层破断对离层和裂隙的产生、发展及时空分布起控制作用

直接顶垮落后,关键层 I 承载时,覆岩离层出现在关键层 I 下方,关键层 I 下方离层随着工作面推进,离层量不断增大,最大离层位于采空区中部。关键层 I 垮落,关键层 II 承载时,原离层裂隙闭合,在关键层 II 下方产生新的离层裂隙,工作面两侧产生穿层裂隙,并发育至关键层 II 下方,形成采动裂隙"O"形圈,此时卸压瓦斯随穿层裂隙运移至关键层 II 下方的离层裂隙。随着工作面的推进,关键层 I 及关键层 II 下方岩层周期性垮落,关键层 II 下方离层裂隙不断向工作面推进方向发育,原工作面两侧穿层裂隙闭合,在工作面两侧产生新的离层裂隙,卸压瓦斯继续通过穿层裂隙向关键层 II 下方离层裂隙运移,关键层 I 破断运动对裂隙从下向上发展动态过程起控制作用,裂隙高度自下而上发展是非匀速的。随着关键层 II 垮落,采空区趋于压实,但采空区两侧仍保持了一个离层区,离层区随着工作面的推进不断

向前、上移动;关键层Ⅱ上方离层裂隙呈跳跃式向上发育,工作面两侧穿层裂隙不再受关键层控制而快速向上发展,当采空区面积达到一定值后,覆岩采动裂隙呈"O"形圈分布特征,它是卸压瓦斯流向采空区的主要通道。

(2)卸压瓦斯的产生与流通

由前面分析可知,采动裂隙的形成与发育主要受关键层破断及周期来压影响。随着工作面的推进,采场上覆岩层周期性破断,尤其是关键层破断及其上覆岩层同步运动,一方面使得采空区被压实,原有采动裂隙逐渐闭合;另一方面煤壁支承区压力降低,引起煤层膨胀,吸附在煤层中的瓦斯以扩散形式向采空区运移。在关键层破断前,其下方形成大量离层裂隙;随着关键层破断,离层裂隙呈突变式发展,不再受关键层控制,在更高岩层之间形成离层裂隙。随着工作面的推进,穿层裂隙不断产生,新的穿层裂隙主要形成于采空区两侧,在采空区两侧应力恢复区分布大量穿层裂隙,但在采空区中部穿层裂隙逐渐闭合。采空区两侧穿层裂隙随周期来压向采空区两侧推移,呈"O"形圈分布特征,形成卸压瓦斯流动通道,并储集在裂隙带内。

(3)"两带"发育特征及高位钻孔终孔合理位置

采场覆岩"两带"分布特征如图3-34所示。由图3-34可知,距底板0~15.9 m为垮落带,距底板15.9~47.5 m为裂隙带,且在上山采动角54°以内。采动裂隙呈现"分区"分布特征,第一区域距底板0~15.9 m范围内,第二区域距底板33.6~47.5 m范围内。第一区域距工作面较近,漏风较严重,由瓦斯升浮特性可知,瓦斯主要富集在第二区域内。因此,为提高卸压瓦斯抽采效果,高位钻孔终孔应布置在第二区域内。

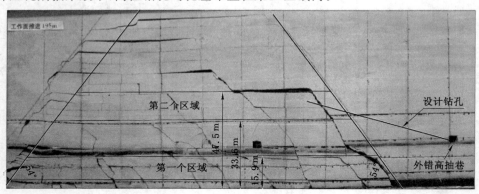

图 3-34　覆岩采动裂隙分布特征

3.5.3　2-605 工作面覆岩采动裂隙分布特征

工作面开挖覆岩破断特征如图3-35所示。由图3-35可知:

(1)8.71 m 中粒砂岩(关键层Ⅰ)、12.44 m 粉砂岩(关键层Ⅱ)对采场覆岩破断起着控制作用,同时也控制覆岩采动裂隙发育高度,采动裂隙随关键层破断向更高方向发育。

(2)5 m 宽窄煤柱受压破坏后,覆岩采动裂隙与高抽巷贯通,利于后期外错高抽巷抽采2-605 工作面下端头覆岩采动卸压瓦斯。

(3)外错高抽巷位于冒落带顶部,处于裂隙带"O"形圈内,利于采动卸压瓦斯抽采。

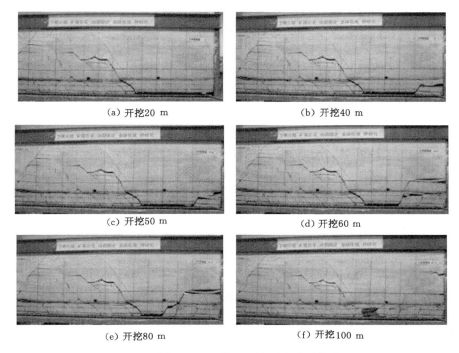

(a) 开挖20 m　　　　　　　　　　(b) 开挖40 m

(c) 开挖50 m　　　　　　　　　　(d) 开挖60 m

(e) 开挖80 m　　　　　　　　　　(f) 开挖100 m

图 3-35　工作面开挖覆岩破断特征

3.5.4　模拟结论

(1) 煤壁内 0～5 m 为应力降低区,5～25 m 为应力增高区,25 m 以外应力逐渐恢复到原岩应力。

(2) 关键层破断对离层和裂隙的产生、发展及时空分布起控制作用。采空区两侧穿层裂隙随周期来压向采空区两侧推移,呈"O"形圈分布特征,形成卸压瓦斯流动通道,并储集在裂隙带内。

(3) 采场覆岩"两带"分布特征,距底板 0～15.9 m 为垮落带,距底板 15.9～47.5 m 为裂隙带,且在上山采动角 54°以内。采动裂隙呈现"分区"分布特征,第一区域距底板 0～15.9 m 范围内,第二区域距底板 33.6～47.5 m 范围内。

(4) 第一区域距工作面较近,漏风较严重,由瓦斯升浮特性可知,瓦斯主要富集在第二区域内。因此,为提高卸压瓦斯抽采效果,高位钻孔终孔应布置在第二区域内。

(5) 2-605 工作面回采后,5 m 宽窄煤柱受压破坏,覆岩采动裂隙与高抽巷贯通,利于后期外错高抽巷抽采 2-605 工作面下端头覆岩采动卸压瓦斯。外错高抽巷位于冒落带顶部,处于裂隙带"O"形圈内,利于采动卸压瓦斯抽采。

3.6　本章小结

(1) 2-603 工作面煤层顶板岩性以中硬岩层为主,冒落带高度为 7.8～12.2 m,裂隙带高度为 32.8～44 m。

（2）工作面上端头岩层不能充分垮落，形成了"砌体梁"结构，这一区域处于卸压区。上端头覆岩采动裂隙呈现"分区"分布特征，第一个区域距离底板 13.0～25.0 m，宽度约为 65.0 m，距离采空区边界 12.0 m；第二个区域距离底板 38.6～50.0 m，宽度约为 50.0 m，距离采空区边界 28.0 m，且在上山采动角 62°以内。

（3）随着工作面的推进，直接顶垮落，导致基本顶周期性断裂，顶板裂隙也周期性地发生动态演化，顶板裂隙经历了由无到发育、再到逐渐闭合的过程。超前工作面 5～20 m，裂隙逐渐张开；当基本顶周期性断裂时，裂隙最为发育；随着工作面的推进，采空区冒落岩石逐渐压实，滞后工作面 60 m 顶板裂隙逐渐闭合。顶板裂隙主要集中分布在工作面后方 15.0～45.0 m 范围内，垂直方向上距煤层顶板 0.0～24.5 m、37.0～44.0 m 范围内。

（4）工作面回采过程中，采场覆岩塑性区和拉伸破坏区分布范围变化大，拉伸破坏区域水平方向上集中分布在工作面后方 15～45 m 范围，垂直方向上在工作面上方 13.0～40.5 m 范围。因此，为提高卸压瓦斯抽采效果，可将高抽巷及高位钻孔终孔布置在这一区域。

（5）在工作面走向方向上，岩层间的穿层裂隙主要分布在工作面后方 15.0～45.0 m 范围内，垂直方向上距煤层顶板 0～15 m、30～50 m 范围内。采场覆岩"三带"分布明显，距底板 0～15 m 范围内声发射密集，为冒落带；距底板 35～55 m 范围内声发射较密集，为裂隙带；之上为弯曲下沉带。

（6）在工作面倾向方向上，采空区中部采场覆岩整体垮落下沉，岩层被压实，采动裂隙不发育；在工作面上、下端头处，因受煤壁支撑作用未能垮落下沉，形成了"砌体梁"结构，采动裂隙发育。在工作面上端头处，采动裂隙呈现"分区"分布特征，且主要集中在三个区域，分别位于关键层Ⅰ之下、关键层Ⅰ与关键层Ⅱ之间、关键层Ⅱ之上。

（7）关键层破断对离层和裂隙的产生、发展及时空分布起控制作用。采空区两侧穿层裂隙随周期来压向采空区两侧推移，呈"O"形圈分布特征，形成卸压瓦斯流动通道，并储集在裂隙带内。

（8）采场覆岩"两带"分布特征，距底板 0～15.9 m 为垮落带，距底板 15.9～47.5 m 为裂隙带，且在上山采动角 54°以内。采动裂隙呈现"分区"分布特征，第一区域距底板 0～15.9 m 范围内，第二区域距底板 33.6～47.5 m 范围内。第一区域距工作面较近，漏风较严重，由瓦斯升浮特性可知，瓦斯主要富集在第二区域内。因此，为提高卸压瓦斯抽采效果，高位钻孔终孔应布置在第二区域内。

4   高抽巷布置方式及合理层位的确定

高抽巷合理层位决定了其服务工作面数量和卸压瓦斯抽采效果。首先,通过对高抽巷布置方式进行了优化分析,确定了外错高抽巷布置方式;其次,分析了2-603工作面上端头覆岩采动应力分布规律,确定了高抽巷合理外错距离;再次,分析了高抽巷位于不同层位时,外错高抽巷围岩变形效果、采动应力分布规律及覆岩采动裂隙分布特征,确定了外错高抽巷合理层位。

4.1   高抽巷布置方式的确定

4.1.1   布置方式

为提高高抽巷利用效率,结合钻孔抽采卸压瓦斯技术,提出了2-603、2-605工作面共用一条高抽巷布置方式。根据工作面端头覆岩采动裂隙和采动应力分布特征,高抽巷应布置在靠近2-6032回风顺槽或者2-6052回风顺槽侧覆岩裂隙带内[100-103],结合第3章中2-603工作面上、下端头覆岩采动裂隙和采动应力分布规律,提出了3种布置方式。

(1)方式1

布置内错高抽巷,如图4-1所示。将高抽巷布置在2-603工作面内,内错6032顺槽25 m,垂直距煤层20 m。前期,2-603工作面回采时,采用高抽巷抽采2-603工作面覆岩采动卸压瓦斯;后期,2-605工作面回采时,在高抽巷内布置钻孔抽采2-605工作面覆岩采动卸压瓦斯。

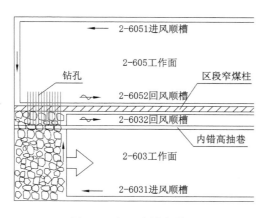

图4-1   布置内错高抽巷

（2）方式 2

布置垂直高抽巷,如图 4-2 所示。将高抽巷布置在 2-603 工作面与 2-605 工作面之间的区段煤柱正上方,垂直距煤层 20 m。前期,2-603 工作面回采时,在高抽巷内布置钻孔抽采 2-603 工作面覆岩采动卸压瓦斯;后期,2-605 工作面回采时,在高抽巷内布置钻孔抽采2-605 工作面覆岩采动卸压瓦斯。

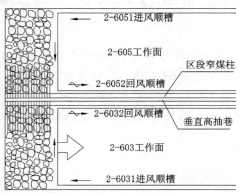

图 4-2　布置垂直高抽巷

（3）方式 3

布置外错高抽巷,如图 4-3 所示。将高抽巷布置在 2-603 工作面外(即内错 2-605 工作面),外错 6032 顺槽 25 m,垂直距煤层 20 m。前期,2-603 工作面回采时,在高抽巷内布置钻孔抽采 2-603 工作面覆岩采动卸压瓦斯;后期,2-605 工作面回采时,采用高抽巷抽采 2-605 工作面覆岩采动卸压瓦斯。

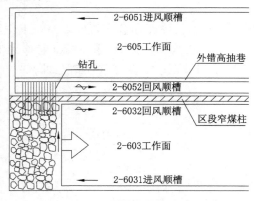

图 4-3　布置外错高抽巷

4.1.2　高抽巷支护参数

高抽巷为矩形断面,宽为 3 500 mm,高为 3 100 mm;采用锚杆、锚索支护,支护参数如图 4-4所示。锚杆均选用左旋高强螺纹钢锚杆,直径 $\Phi=20$ mm,长度 $L=2\ 000$ mm。顶锚杆采用"五·五"矩形布置,间距为 800 mm,使用 Z2388、CK2340 型树脂锚固剂各一支进行锚固;帮锚杆采用"四·四"矩形布置,帮部第一根锚杆距顶板 150 mm,间距为 900 mm,使用 Z2388 型树脂锚固剂一支进行锚固;顶、帮锚杆排距均为 900 mm。锚索采用直径 $\Phi=21.6$ mm、长度 $L=7\,200$ mm 的钢绞线,采用"二·二"矩形布置,间距为 1.4 m,排距为1.8 m。

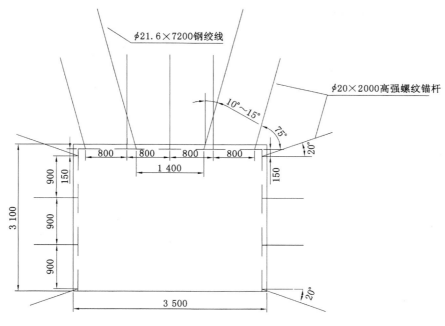

图 4-4　高抽巷支护断面图

4.1.3　模拟结果及分析

（1）方式 1

2-603 工作面采动影响高抽巷围岩变形效果如图 4-5 所示。高抽巷围岩变形初期,围岩塑性区范围较小,变形量小;随着覆岩层断裂回转下沉,高抽巷受拉破坏严重,高抽巷围岩无法保持同步协调下沉,导致高抽巷围岩变形量大;待覆岩层运移稳定后,高抽巷左、右两帮变形量分别为 500 mm、400 mm,顶、底板变形量分别为 400 mm、1 200 mm。以上分析表明,

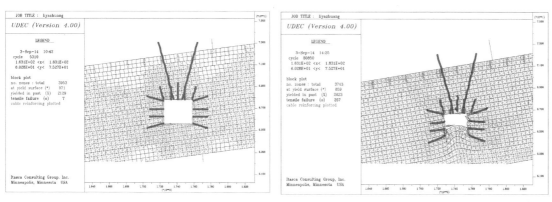

图 4-5　内错高抽巷围岩变形规律

（a）围岩变形初期;（b）围岩变形末期

高抽巷受覆岩层运移影响大,巷道变形破坏严重,导致后期高抽巷修复工程量大。

（2）方式2

2-603 工作面采动影响高抽巷围岩变形效果如图 4-6 所示。高抽巷围岩变形初期,围岩塑性区范围较小,变形量小。随着覆岩层断裂回转下沉,高抽巷受拉破坏严重,高抽巷围岩无法保持同步协调下沉,导致高抽巷围岩变形量大;待覆岩层运移稳定后,高抽巷左、右两帮变形量分别为 690 mm、680 mm,顶、底板变形量分别为 820 mm、1 150 mm。以上分析表明,高抽巷受覆岩层运移影响较大,尤其受采空区侧固定支承压力影响,高抽巷变形破坏严重;后期在高抽巷内布置钻孔抽采时,一方面巷道修复工程量大,另一方面受采空区侧固定支承压力的长期作用巷道维护成本高。

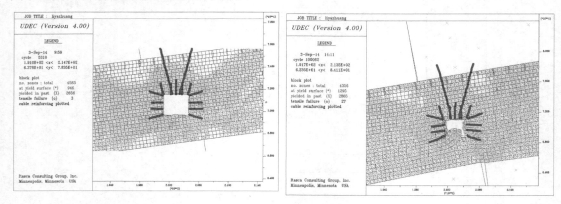

图 4-6　垂直高抽巷围岩变形规律

（a）围岩变形初期;（b）围岩变形末期

（3）方式3

2-603 工作面采动影响外错高抽巷围岩变形效果如图 4-7 所示。由图 4-7 可知,高抽巷受 2-603 工作面采动影响小,围岩塑性区范围小,变形量小,巷道围岩能协调变形。到覆岩层运移稳定后,高抽巷左、右两帮变形量分别为 300 mm、200 mm,顶、底板变形量分别为 300 mm、500 mm。以上分析表明,高抽巷受覆岩层运移影响较小,巷道断面收缩小,有效断

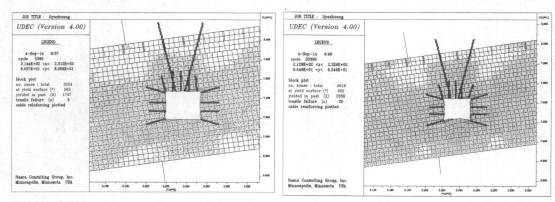

图 4-7　外错高抽巷围岩变形规律

（a）围岩变形初期;（b）围岩变形末期

面大,巷道修复及维护工程量小,既有利于前期布置钻孔抽采 2-603 覆岩采动卸压瓦斯,也有利于后期高抽巷抽采 2-605 工作面覆岩采动卸压瓦斯。

（4）综合分析

各方案巷道围岩变形如表 4-1 所示。由表 4-1 可知,布置内错高抽巷、垂直高抽巷时,因巷道围岩变形量大,后期如果要利用,巷道修复及维护工程量大,成本高。布置外错高抽巷时,高抽巷受覆岩层运移影响较小,巷道断面收缩小,有效断面大,巷道修复及维护工程量小,可满足高抽巷在服务前期与后期相邻两工作面卸压瓦斯抽采要求。综合以上分析,外错高抽巷可达到"一巷两用",同时具有明显的技术优势和成本优势,验证了第 2 章提出的布置外错高抽巷的合理性。

表 4-1　　　　　　　　　各方案巷道围岩变形量

	左帮变形量/mm	右帮变形量/mm	顶板下沉量/mm	底鼓量/mm	两帮相对变形量/mm	顶底板相对变形量/mm	巷道状态
方式1	500	400	400	1 200	900	1 600	破坏严重
方式2	690	680	820	1 150	1 370	1 970	破坏严重
方式3	300	200	200	500	500	700	未破坏

4.2　外错高抽巷合理层位的确定

4.2.1　外错距离的确定

（1）2-603 工作面上端头覆岩采动应力分布规律

2-603 工作面上端头覆岩采动应力分布规律如图 4-8 所示。由图 4-8 可知,2-603 工作面回采后,在上山采动角内侧为卸压区,在上山采动角外侧为应力集中区,并逐渐恢复到原岩应力区。经计算,此处垂直地应力约为 16.33 MPa,应力集中区主要分布在实体煤壁侧 4～58 m、垂高约为 90 m 范围内,其中应力大于 26.0 MPa 区域主要集中在距实体煤壁侧 12～21 m、垂高约为 40 m 范围内。

（2）2-603 工作面上端头覆岩不同层位采动应力分布规律

在 2-603 工作面上端头覆岩内,距煤层底板 15 m、20 m、25 m、30 m、35 m 处,水平方向布置应力监测线,其垂直应力分布规律如图 4-9 所示,其中 2-603 工作面上端头边界位于 X 轴 201 m 处。

由图 4-9 可知,2-603 工作面上端头覆岩层内不同层位垂直应力不同,随着层位高度增加,应力整体呈现出下降趋势,同一层位垂直应力呈现出先增大后减小趋势,222 m 以外垂直应力变化趋势基本相同,240 m 以外垂直应力基本恢复到原岩应力状态。受 2-603 工作面回采影响,在倾斜方向上,201 m 以内为应力降低区;201～225 m 为应力集中区,15 m、20 m、35 m 层位处的垂直应力整体上较 25 m、30 m 处大,215～222 m 范围内不同层位垂直应力下降较快,应力峰值主要集中在 210～222 m 范围内;225～240 m 范围内为应力恢复区;240 m 以外不同层位垂直应力逐渐恢复到原岩应力状态。

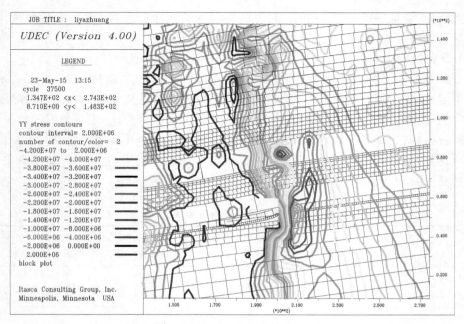

图 4-8　2-603 工作面上端头覆岩采动应力分布规律

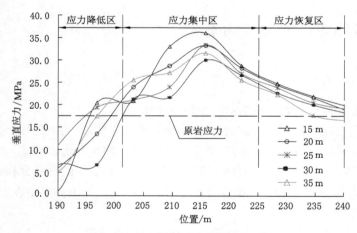

图 4-9　监测线垂直应力分布规律

由图 4-9 可知,为降低 2-603 工作面采动对外错高抽巷影响程度,外错高抽巷应避开应力集中区,尤其是应力峰值区。综合以上分析,考虑不同层位垂直应力分布规律,兼顾前期高位钻孔施工工程量,确定外错 2-603 工作面 25 m 布置高抽巷。

4.2.2　垂直层位的确定

上面确定了外错 2-603 工作面 25 m 布置高抽巷,下面系统分析高抽巷位于不同层位,即距离煤层底板分别为 20 m、25 m、30 m 时,分别受 2-603、2-605 工作面采动影响时,外错高抽巷围岩变形效果、采动应力分布规律及覆岩采动裂隙分布特征,以确定高抽巷合理层位。

（1）外错高抽巷围岩变形效果

2-603、2-605 工作面回采时,外错高抽巷围岩变形效果分别如图 4-10、图 4-11 所示。

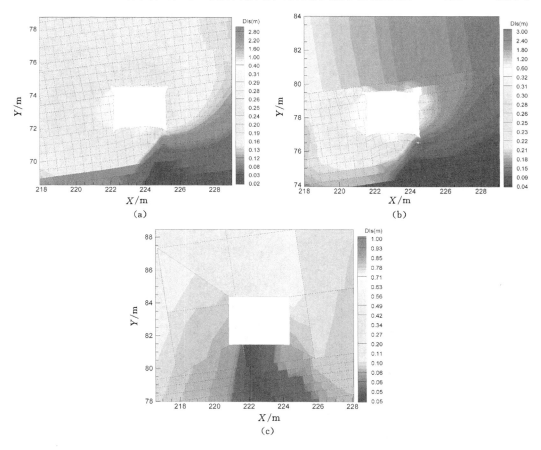

图 4-10　2-603 工作面采动围岩变形效果

(a) 20 m;(b) 25 m;(c) 30 m

由图 4-10 可知,外错高抽巷受 2-603 工作面采动影响较小,巷道围岩变形量小,巷道变形主要在高抽巷左帮和底板;高抽巷围岩变形受其布置层位影响较大,其中 20 m 处高抽巷左帮最大变形量为 300 mm,底板最大底鼓量为 340 mm;25 m 处高抽巷顶板为 12 m 厚粉砂岩,围岩变形量小,左、右帮最大变形量分别为 310 mm、90 mm,顶板最大下沉量为 140 mm,底板最大底鼓量为 360 mm;30 m 处高抽巷处于 12 m 厚粉砂岩中,围岩整体强度大,变形量小。

由图 4-11 可知,外错高抽巷受 2-605 工作面回采影响较大,上覆岩层整体发生运移。高抽巷右帮侧整体移动量较左帮侧大 1.2 m。巷道围岩变形量大,其中 20 m 处高抽巷整体下沉 1 350 mm,两帮最大相对变形量为 1 100 mm,顶底板最大相对变形量为 1 500 mm;25 m 处高抽巷整体下沉 2 000 mm,两帮最大相对变形量为 1 400 mm,顶底板最大相对变形量为 1 600 mm;30 m 处高抽巷整体下沉 1 700 mm,两帮最大相对变形量为 560 mm,顶底板最大相对变形量为 670 mm。

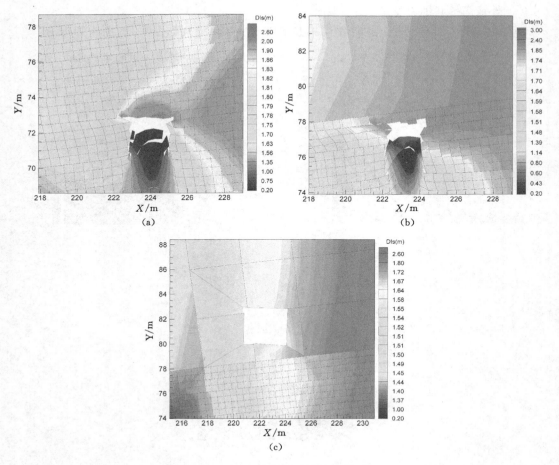

图 4-11　2-605 工作面采动围岩变形效果

（a）20 m；（b）25 m；（c）30 m

（2）外错高抽巷围岩应力分布规律

2-603 工作面、2-605 工作面回采时，外错高抽巷采动应力分布规律分别如图 4-12、图 4-13 所示。

由图 4-12 可知，2-603 工作面回采对外错高抽巷影响小，外错高抽巷围岩应力与其布置层位关系密切。位于 20 m 处，巷道两帮和底板受拉应力影响较大，破坏较严重；位于 25 m 处，巷道顶板为 12 m 厚粉砂岩，巷道围岩应力主要表现为压应力，巷道破坏较轻；位于 30 m 处，巷道位于 12 m 厚粉砂岩内，巷道围岩应力主要表现为压应力，巷道破坏小。

由图 4-13 可知，2-605 工作面回采对外错高抽巷影响大，外错高抽巷围岩应力与其布置层位关系密切。位于 20 m 处，巷道两帮和底板主要表现为拉应力，导致巷道围岩变形大，破坏严重；位于 25 m 处，受顶板 12 m 厚粉砂岩影响，巷道围岩除顶板外受拉应力影响较大，巷道破坏较严重；位于 30 m 处，因 12 m 厚粉砂岩岩性较完整，巷道主要受到压应力影响，围岩变形较小，巷道破坏小。

（3）2-605 工作面覆岩采动裂隙分布规律

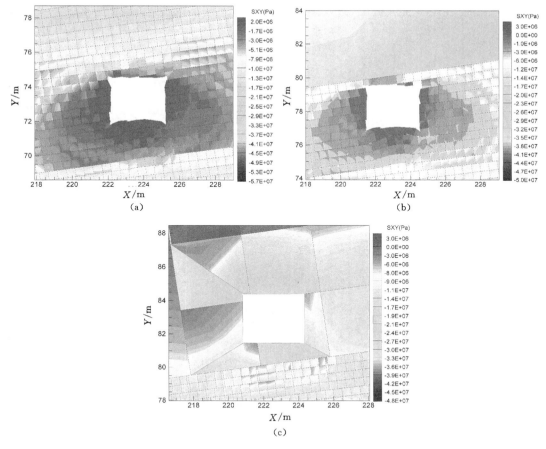

图 4-12　2-603 工作面采动应力分布规律

(a) 20 m;(b) 25 m;(c) 30 m

2-605 工作面回采时,工作面覆岩采动裂隙分布规律如图 4-14 所示。由图 4-14 可知,2-605 工作面回采后,覆岩层发生大范围运移与破断,产生了大量离层裂隙和穿层裂隙,这些裂隙为瓦斯的运移和储存提供了场所与通道。覆岩采动裂隙发育程度与分布规律受高抽巷层位影响大,当高抽巷位于 20 m、25 m 处,巷道围岩变形量大,高抽巷与覆岩采动裂隙有效沟通,为卸压瓦斯抽采提供了良好运移通道;位于 25 m 处,高抽巷位于 12 m 厚粉砂岩下方,12 m 厚粉砂岩利于卸压瓦斯在高抽巷顶板处聚集,对卸压瓦斯抽采有利。当高抽巷位于 30 m 处,高抽巷位于 12 m 厚粉砂岩内,巷道围岩整体强度较大,破坏不严重,高抽巷与覆岩采动裂隙未有效沟通,对覆岩采动卸压瓦斯抽采不利。

(4) 综合分析

综合以上分析,当高抽巷位于距离煤层底板 25 m 时,前期受 2-603 工作面采动影响较小,巷道变形小,断面满足 2-603 工作面卸压瓦斯抽采要求;后期受 2-605 工作面采动影响较大,高抽巷与覆岩采动裂隙有效沟通,满足 2-605 工作面卸压瓦斯抽采要求。

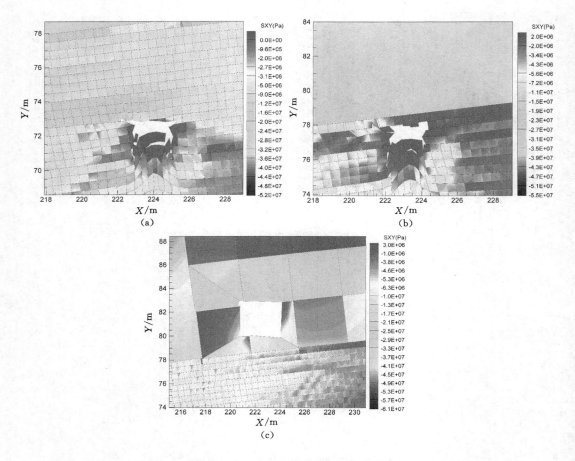

图 4-13　2-605 工作面采动应力分布规律

(a) 20 m；(b) 25 m；(c) 30 m

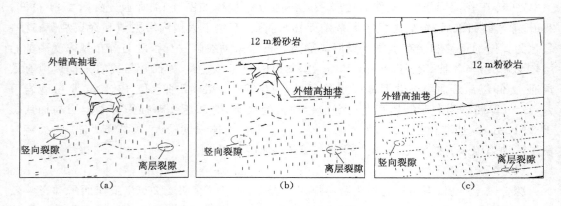

图 4-14　2-605 工作面采动覆岩裂隙发育特征

(a) 20 m；(b) 25 m；(c) 30 m

4.2.3　外错高抽巷合理层位的确定

（1）外错高抽巷合理层位

综合考虑覆岩采动应力分布规律与采动裂隙分布特征、高抽巷围岩应力分布规律及围岩变形特征,外错 2-603 工作面 25 m、距离煤层底板 25 m 的层位布置外错高抽巷。前期,2-603工作面回采时,外错高抽巷受其采动影响小,利于在外错高抽巷内布置上行钻孔抽采2-603工作面覆岩采动卸压瓦斯;后期,2-605 工作面回采时,外错高抽巷与 2-605 工作面覆岩采动裂隙有效沟通,利于卸压瓦斯抽采。

（2）外错高抽巷布置参数

综合施工条件,高抽巷设计断面为矩形,高、宽分别为 3 m、3.5 m。高抽巷外错 2-603 工作面 24.5～26.38 m 布置,高抽巷开口位置从 2-6032 回风顺槽 12# 导线点前 2.2 m 处沿 306.7°方位角水平施工 7.7 m,到位后左拐沿 216.7°方位角 4°上山施工 20 m,再按 20°上山施工 43 m,到位后沿 3‰坡度施工。高抽巷与 2-6032 回风顺槽平行掘进,设计长度为 1 422.4 m。受 2 煤起伏变化影响,高抽巷底板距 2 煤顶板为 17～29 m,平均约为 25 m,外错高抽巷布置参数如图 4-15 所示。高抽巷内铺设抽采系统,铺设 Φ280 mm 螺纹抽采管路 1 420 m,在管路起始端分别安设控制阀门和孔板流量计各一组,以便于数据的测量及分析。

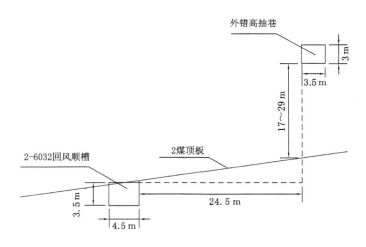

图 4-15　外错高抽巷布置参数

4.3　本 章 小 结

（1）受 2-603 工作面采动影响,内错高抽巷、垂直高抽巷围岩变形大,后期如要利用,巷道修复及维护工程量大,成本高;外错高抽巷围岩变形小,巷道修复及维护工程量小,成本低。外错高抽巷不仅满足了前期布置抽采钻孔抽采 2-603 工作面覆岩采动卸压瓦斯,也满足后期 2-605 工作面覆岩采动卸压瓦斯抽采要求。

（2）通过系统地分析,确定了外错 2-603 工作面 25 m、距离煤层底板 25 m 的层位布置外错高抽巷。2-603 工作面回采时,外错高抽巷受其采动影响小,利于在外错高抽巷内布置上行钻孔抽采 2-603 工作面覆岩采动卸压瓦斯;2-605 工作面回采时,外错高抽巷与 2-605 工作面覆岩采动裂隙有效沟通,利于卸压瓦斯抽采。

5 外错高抽巷高位钻孔卸压瓦斯运移规律分析

高位钻孔终孔合理位置决定了采场覆岩采动卸压瓦斯抽采效果。本章采用流体动力学软件——FLUENT 系统分析高位钻孔不同终孔位置条件下卸压瓦斯抽采效果,分析工作面瓦斯浓度、采空区瓦斯浓度分布规律,以确定高位钻孔终孔合理位置。

5.1 FLUENT 简介

相对于物理实验,数值模拟有其独特优点,具有成本低、周期短、数据完整性好、模拟结果包括了各种实际运动过程中所测数据状态等特点。自 20 世纪 80 年代初,英国 CHAM 公司推出求解流动与传热问题的商业软件 PHOENICS,迅速在国际软件产业中形成了一类通称为 CFD(计算流体动力学)的软件产业市场。FLUENT 是一款目前国际上比较流行的商用 CFD 软件,在全球市场占有率约为 40%。FLUENT 在流体建模中被广泛使用,它一直来以用户界面友好而著称。FLUENT 经过大量算例考核,同实验符合较好,软件含有多种传热燃烧模型及多相流模型,可以应用于从可压到不可压、从低速到高超音速、从单相流到多相流、化学反应、气固耦合等几乎所有与流体相关的领域,具有计算稳定性好、软件适用范围广、计算精度高(可达二阶精度)等优点。

5.1.1 FLUENT 软件介绍

FLUENT 软件采用 C/C++语言编写,从而大大提高了对计算机内存利用率,因此动态内存分配,高效数据结构,灵活求解控制是其最大特点。除此以外,FLUENT 采用 C/S 结构(Client/Server 结构体系),该结构形式能够充分利用两端硬件环境优势,解决了软件高效运行、交互式控制以及与各类计算机和操作系统适应性问题,允许同时在用户工作站和服务器上分离运行。

FLUENT 采用基于完全非结构化网格有限体积法,而且具有基于网格节点和网格单元的梯度算法。FLUENT 可以方便设置惯性或非惯性坐标系、复数基准坐标系、滑移网格以及动静翼相互作用模型化接续面,其内部集成丰富的物性参数数据库,里面有大量材料可供选择,此外用户还可以非常方便地自定义材料。FLUENT 还具备了高效并行计算能力,提供多种自动/手动分区算法;内置 MPI 并行计算机制,大幅度提供并行效率,其特有的动态负载平衡功能能确保全局高效并行计算。该软件还提供了友好用户界面,为用户提供了二次开发接口 UDF(User-Defined Functions),软件后置处理和数据输出能够对计算结果进行处理,生成可视化图形及相应曲线、报表等。

自 1983 年问世以来,FLUENT 就一直是 CFD 软件技术领先者。2006 年 5 月,FLU-ENT 成为全球最大的 CAE 软件供应商——ANSYS 大家庭中的重要成员,FLUENT 集成在 ANSYS Workbench 环境下,共享 ANSYS 公共 CAE 技术。

同时,FLUENT 提供了 Gambit 网格生成软件,Gambit 具有强大的几何建模和网格生成能力,能够与主流 CFD 软件协同工作,实现与 CAD 系统无缝对接。Gambit 的特点在于其能够针对极其复杂几何外形生成三维四面体、六面体非结构网格,并且 Gambit 具有灵活方便的几何修正功能,当从接口中导入几何时会自动合并重合的点、线、面;Gambit 在保证原始几何精度的基础上通过虚拟几何自动缝合小缝隙,这样既可以保证几何精度,又可以满足网格划分需要。

5.1.2 FLUENT 功能模块和分析过程

FLUENT 采用有限体积法(有限体积法也称有限容积法),它是将计算区域化分为网格,并使每个网格点周围有一个互不重复的控制体积,将待解微分方程(控制方程)对每一个控制体积积分,从而得出一组离散方程。为了求出控制体积积分,必须假定应变量值之间的变化规律,有限体积法的基本方法是子域法加离散。

FLUENT 软件包中包括以下几个软件:

① FLUENT 求解器——FLUENT 软件核心,所有计算在此完成。

② prePDF——FLUENT 用 PDF 模型计算燃烧过程的预处理软件。

③ GAMBIT——FLUENT 提供的网格生成软件。

④ TGRID——FLUENT 用于从表面网格生成空间网格的软件。

⑤ 过滤器——或者叫翻译器,可以将其他 CAD/CAE 软件生成的网格文件变成能被 FLUENT 识别的网格文件。

在使用 FLUENT 解决某一问题时,首先考虑如何根据目标需要选择对应的物理模型,其次是明确所要模拟的物理系统的计算区域及边界条件,以及确定二维问题还是三维问题。FLUENT 分析过程基本步骤如图 5-1 所示。

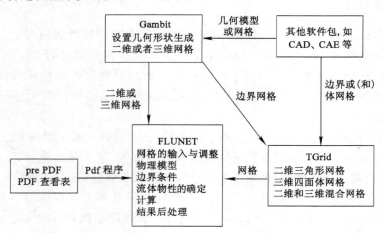

图 5-1　FLUNET 软件各部分组织结构及相关作用

(1) 创建几何结构模型及生成网格

可用 FLUENT 提供的 Gambit 或者 CAD 系统产生几何结构模型及网格。

(2) 运行合适的解算器

FLUENT 包括两类解算器,分别有 2D、3D、2DDP、3DDP,其中 2DDP 和 3DDP 分别表示二维双精度和三维双精度。

(3) 读入并检查网格

避免出现网格面积或体积出现负值。当最小面积和最小体积出现为负值时,就需要修复网格,以减少解算区域的非物理离散。

(4) 选择解算格式

根据问题特征来选择解算器具体格式,值得注意的是 FLUENT 默认分离解算。

(5) 选择需要求解的基本模型方程及所需的附加模型

基本模型包括层流、湍流、化学组分及反应、热传导等,附加模型包括风扇、热交换、多孔介质等。

(6) 制定材料的物理性质

用户可以在材料数据库中选择气体属性或者修改、创建自己的材料数据。

(7) 指定边界条件

设置相应边界条件类型及数值。

(8) 调节解算控制参数

在 FLUENT 里可以改变松弛因子、多网格参数以及其他流动参数的默认值。

(9) 初始化流场并进行解算

在迭代之前一般需要初始化流场,即提供一个初始解,然后设置迭代步数。

(10) 检查并保存结果

通过残差图查看解算收敛情况,若收敛可以通过窗口查看流场分布图。必要时可以细化网格,改变数值和物理模型。

5.2 模型的建立

模拟对象的边界条件、物理参数和数学模型选择得越接近工程实际,其计算结果越准确。而采空区空间大、范围广,瓦斯源和漏风情况复杂,建立的数学和物理模型需要设定的参数多,某些采空区流场参数测定困难大或者经济上不可取,因此,通过实验室测定和现场测定的方法取得部分边界条件和物理参数,并且将研究对象由采空区扩大成包括采空区、工作面和进回风巷的采场,将采场作为一个系统进行研究,以较容易测定的工作面和进回风巷数据来作为部分已知参数。确定边界条件和各种物理参数后,建立采场物理模型和数学模型,然后模拟解算出整个采场流场情况,对采空区相关计算结果进行后处理,最后计算结果与实验结果和现场观测结果相互验证,计算结果还可以用于指导工程设计和工程实践。

5.2.1 基本守恒方程

采场气体流动遵循连续方程、动量守恒方程、组分守恒方程和状态方程。建立采场气体流动偏微分方程:

(1) 连续性方程

$$\frac{\partial (\varphi \rho)}{\partial t} + \nabla \cdot (\rho V) = q\rho \tag{5-1}$$

（2）动量守恒方程

包括进回风巷和工作面等非多孔介质区域动量守恒方程以及采空区多孔介质区域动量守恒方程。

非多孔介质区域动量守恒方程：

$$\frac{\partial}{\partial t}(\rho v) + \nabla \cdot (\rho v v) = \nabla P + \nabla \cdot (\bar{\bar{\tau}}) + \rho g \tag{5-2}$$

多孔介质区域动量守恒方程：

$$\frac{\partial}{\partial t}(\rho v) + \nabla \cdot (\rho v v) = -\nabla P + \nabla \cdot (\bar{\bar{\tau}}) + \rho g - \frac{\varphi \mu}{K_p} - C_2 \rho \mid V \mid V \tag{5-3}$$

（3）组分守恒方程

$$\frac{\partial (\rho c_s)}{\partial t} + \nabla \cdot (\rho u c_s - D_s \nabla (\rho c_s)) = S_s \tag{5-4}$$

根据质量守恒定律，系统所有组分的质量分数之和为 1，N_2 组分质量分数也即求得。

（4）状态方程

$$\frac{P}{\rho} = \frac{ZRT}{M} \tag{5-5}$$

5.2.2　模型的构建

（1）模拟原型

以李雅庄煤矿 2-603 工作面及其采空区为模拟原型。工作面采用走向长壁综采采煤方法，并采用全部垮落法管理顶板。煤层厚度为 3.5 m，工作面采用 U 型、全负压通风，工作面配风量为 1 200 m³/min。

（2）物理模型的规定和假设

实际采场物理条件复杂，如工作面、进风巷和回风巷的几何形状不规整，漏风源和瓦斯涌入源等影响瓦斯气体在煤岩体内流动的因素也较多，以及工作面上有采煤机和液压支架等设备。为了简化问题，找出主要影响因素之间的相互关系，对建立的采空区气体流动模型作了如下规定和假设：

① 瓦斯—空气混合气体为不可压缩理想混合气体，其在采空区的流动服从渗流规律。

② 涌入采空区的 CH_4 默认为瓦斯。

③ 瓦斯涌入源只考虑采空区遗煤瓦斯涌出、工作面煤壁瓦斯涌出和采落煤炭瓦斯涌出。

④ 煤岩体为非均匀多孔介质。

⑤ 煤岩体孔隙率和渗透率是空间的函数，但不是采动时间的函数。

⑥ 不考虑采煤机和液压支架等设备形状。将工作面、进回风巷空间假设为长方体，并根据回采和通风实际情况设置工作面和进回风巷空间大小。

（3）坐标轴的选取

取采空区与采煤工作面进风侧区域相邻接处与底板顶端平面的交点为模型的坐标原点。x 轴沿采煤工作面倾斜方向并指向回风侧方向，y 轴垂直于工作面方向并指向采空区深处，z 轴垂直于煤层底板并指向顶板。

（4）物理模型构建和参数计算

根据 2-603 工作面地质条件及开采技术,建立了包括采空区、采煤工作面、进风巷和回风巷的采场物理模型,如图 5-2 所示。

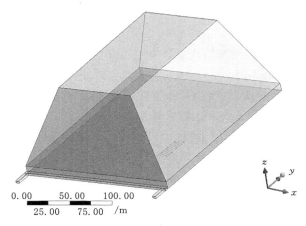

图 5-2 基本物理模型的建立

① 进风巷为 5 m×3 m,净断面为 15 m²;回风巷为 4.8 m×3.8 m,净断面为 18.24 m²。采煤工作面倾向长为 230 m,宽为 5 m,高为 3.5 m,倾角为 8°。工作面走向长度为 200 m,采空区走向长为 250 m,高度为 100 m。

② 模型考虑了煤层倾角,以考察重力影响下气体渗流场和浓度场变化规律。

③ 模型局部进行了网格细化,整个模型划分的网格数量约为 112 万个,模型网格划分如图 5-3 所示。

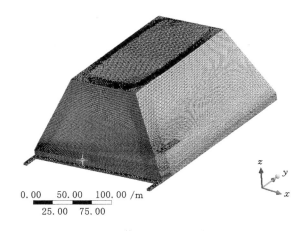

图 5-3 模型网格的划分

④ 工作面采出率为 98%,冒落顶煤碎胀系数取 1.3,根据公式(5-6)计算得到遗煤厚度为 0.093 m:

$$h_{遗} = 3.58 \times (1 - 98\%) \times 1.3 = 0.093 \text{(m)} \tag{5-6}$$

(5)边界条件

模型参考压力设为 101 325 Pa,模拟解算压力均为相对压力值。进风巷进口设为自由进口,回风巷出口设为压力出口,采用负压通风方式,高位钻孔终孔为压力出口,抽采负压为 30 kPa。

5.2.3 模拟方案

根据第 3 章中采场覆岩采动裂隙和采动应力的分布特征可知,覆岩采动裂隙高度约为 44 m,周期来压步距约为 15 m,为了优化高位钻孔布置参数,进行采空区瓦斯运移规律分析。

根据工作面矿压显现规律,如将钻孔布置在工作面前方,采动影响造成钻孔孔壁稳定性差,易发生塌孔、堵孔等问题,导致钻孔抽采效果差。采空区"二带"透气性是工作面前方的数百倍,利于卸压瓦斯聚集,也有利于卸压瓦斯抽采,因此确定滞后工作面布置高位钻孔。依据外错高抽巷抽采支管路压力,高位钻孔布置 20 个,钻孔间隔为 2 m。

综合以上分析,滞后工作面 10 m、15 m、20 m 布置高位钻孔,其终孔位置距煤层顶板 35 m、45 m、55 m 处,高位钻孔优化方案如表 5-1 所示。通过分析高位钻孔不同终孔位置钻孔瓦斯浓度、采空区瓦斯浓度、工作面瓦斯浓度分布规律,综合确定高位钻孔合理布置参数。

表 5-1   **实 验 方 案**

滞后工作面距离/m	距煤层顶板 35 m	距煤层顶板 45 m	距煤层顶板 55 m
10	方案 1	方案 2	方案 3
15	方案 4	方案 5	方案 6
20	方案 7	方案 8	方案 9

5.3 模拟结果及分析

5.3.1 无抽采条件下采空区卸压瓦斯运移规律

(1)采空区瓦斯三维空间分布规律

由图 5-4 可知,在只有"一源一汇"且没有抽采瓦斯的通风条件下,靠近工作面侧的采空区浅部瓦斯浓度低,而采空区深部瓦斯浓度高,其中采空区浅部进风巷侧的瓦斯浓度最低[图 5-4(a)],而采空区深部回风巷侧的瓦斯浓度最高[图 5-4(b)]。

(2)不同 z 平面高度瓦斯分布规律

由图 5-5 可知,在较低平面上[图 5-5(a)],靠近工作面的采空区瓦斯受漏风影响较大,浓度较小且向回风巷侧聚集。在较高平面上[图 5-5(b)],采空区瓦斯受漏风影响较小,浓度较大且受浮力作用,易聚集在采空区深部回风巷侧。在回风巷侧毗邻工作面上隅角处、冒落带顶部局部瓦斯积聚,瓦斯浓度较大。

(3)工作面走向上瓦斯分布规律

由图 5-6(a)可知,分别距进风巷侧 30 m、115 m、200 m 处,受漏风和回风巷出口的影响,采空区内越远离工作面处,瓦斯浓度越高;远离进风巷,采空区内靠近工作面处瓦斯增高。

(4)工作面倾向上的瓦斯分布规律

由图 5-6(b)可知,工作面风流运动方向由进风侧流向回风侧,受进风和采空区遗煤瓦

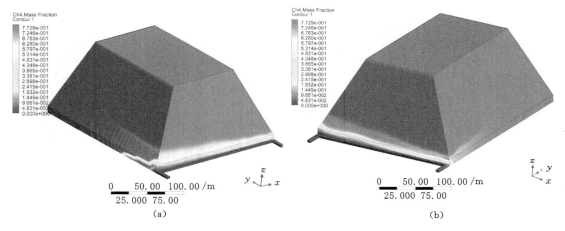

图 5-4　采空区瓦斯三维空间分布规律

(a)进风巷侧；(b)回风巷侧

斯涌出的影响,越远离进风巷瓦斯浓度高,越深入采空区内瓦斯浓度越高。

(5)工作面上隅角瓦斯分布规律

图 5-7 是通风条件下工作面上隅角瓦斯浓度大于 1% 的分布图,该区域主要分布在距进风巷 180~200 m 的位置,在工作面和回风巷连接处瓦斯浓度达到了 1.45%~2.10%,工作面瓦斯浓度超限。实践证明,单一采用加大通风量方法难以解决工作面上隅角瓦斯超限难题,加大风量一方面将工作面和巷道涌出的瓦斯排走,另一方面导致采空区漏风量加大,采空区内更多的瓦斯会涌向工作面上隅角。因此,当采用加大风量措施排放瓦斯效果不明显时,要考虑采用钻孔抽采采空区瓦斯等方法来解决。

5.3.2　高位钻孔滞后工作面 10 m

(1)方案 1

滞后工作面 10 m 沿倾向布置高位钻孔,终孔位于煤层顶板 35 m 处,采空区瓦斯分布规律如图 5-8、图 5-9 所示。

由图 5-8 可知,受进风巷漏风和钻孔抽采影响,采空区瓦斯浓度分布不均匀,主要体现在工作面进风巷侧瓦斯浓度较回风巷侧小,采空区深部瓦斯浓度较浅部大,工作面上隅角至高位钻孔附近瓦斯浓度较小。

由图 5-9 可知,采空区走向和倾向不同切面瓦斯浓度分布特征不同,随着采空区高度增加,受进风巷漏风和钻孔抽采影响逐渐减小,靠近进风巷侧瓦斯浓度较小,滞后工作面越远瓦斯浓度越大。由图 5-9(e)、(f)可知,z 值不同,滞后工作面不同距离和高度的瓦斯浓度变化规律也不同。当 $z=3$ m 时,滞后工作面 20 m、30 m、40 m、80 m 处瓦斯浓度距进风巷越近变化幅度越大;其中 20 m、30 m、40 m 处瓦斯浓度在距进风巷 170 m 处变化较大,瓦斯浓度由 25% 增大为 67%;80 m 处瓦斯浓度在距进风巷 85 m 处变化较大,瓦斯浓度由 35% 增大为 65%,瓦斯最大浓度差值为 42%。滞后工作面 120 m、160 m 处瓦斯浓度在距进风巷 35 m 后变化幅度较小,同一滞后距离处瓦斯最大浓度差值为 0.8%,表明进风巷漏风和钻孔抽采对采空区浅部瓦斯浓度分布影响较大,对采空区深部的影响较小。当 $z=35$ m 时,

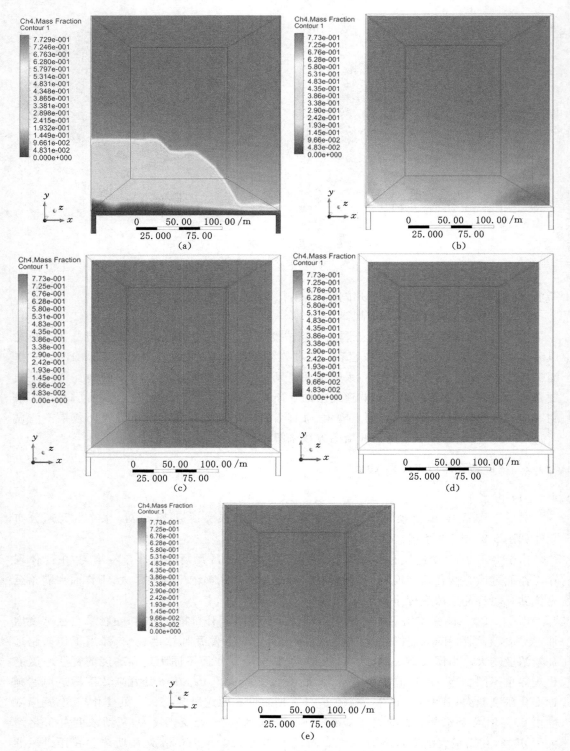

图 5-5 不同 z 平面高度处瓦斯浓度分布规律

(a) $z=3$ m;(b) $z=15$ m;(c) $z=25$ m;(d) $z=35$ m;(e) $z=45$ m

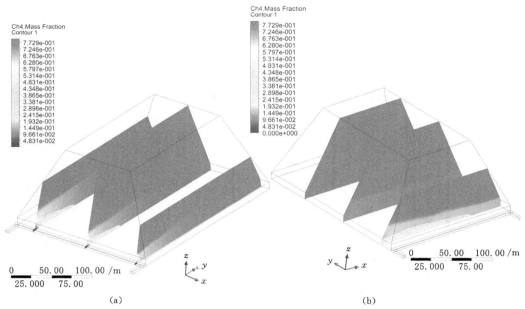

图 5-6 采空区内瓦斯浓度分布规律
（a）工作面走向；（b）工作面倾向

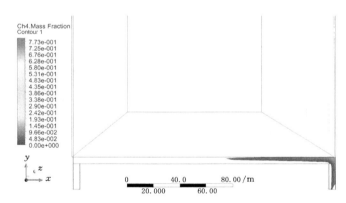

图 5-7 工作面瓦斯浓度高于 1% 的区域

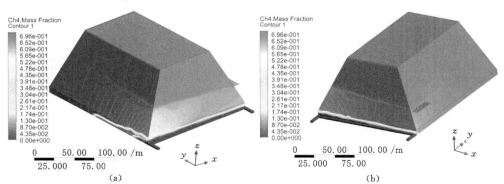

图 5-8 采空区瓦斯三维空间分布规律
（a）进风巷侧；（b）回风巷侧

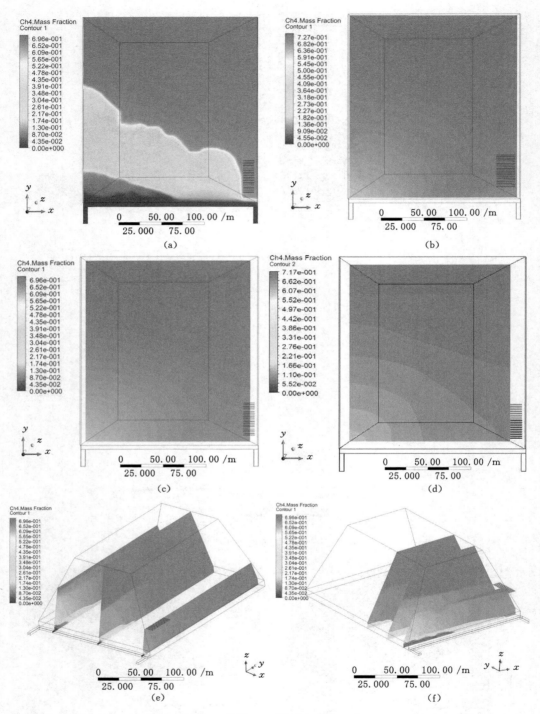

图 5-9　不同切面瓦斯浓度分布规律

(a) $z=3$ m；(b) $z=15$ m；(c) $z=25$ m；(d) $z=35$ m；(e) $x=30$ m、115 m、183 m；(f) $y=10$ m、30 m、60 m；

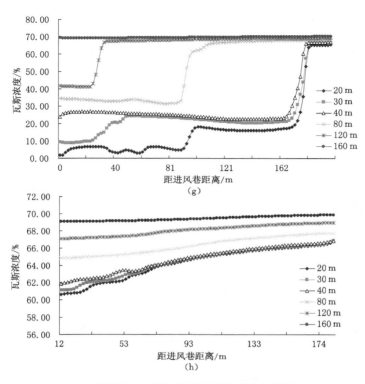

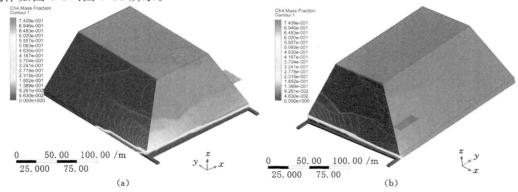

续图 5-9　不同切面瓦斯浓度分布规律

（g）$z=3$ m 切面中距工作面不同距离瓦斯浓度特征；（h）$z=35$ m 切面中处距工作面不同距离瓦斯浓度特征

滞后工作面 20 m、30 m、40 m 处瓦斯浓度距进风巷越近变化幅度越大，同一滞后距离处瓦斯最大浓度差值为 5.3%；滞后工作面 80 m、120 m、160 m 处瓦斯浓度变化幅度较小，同一滞后距离处瓦斯最大浓度差值为 0.20%，表明随着 z 值增大，进风巷漏风和钻孔抽采对采空区瓦斯浓度分布影响越来越小。

（2）方案 2

滞后工作面 10 m 沿倾向布置高位钻孔，终孔位于煤层顶板 45 m 处，采空区瓦斯分布规律如图 5-10、图 5-11 所示。

图 5-10　采空区瓦斯三维空间分布规律

（a）进风巷侧；（b）回风巷侧

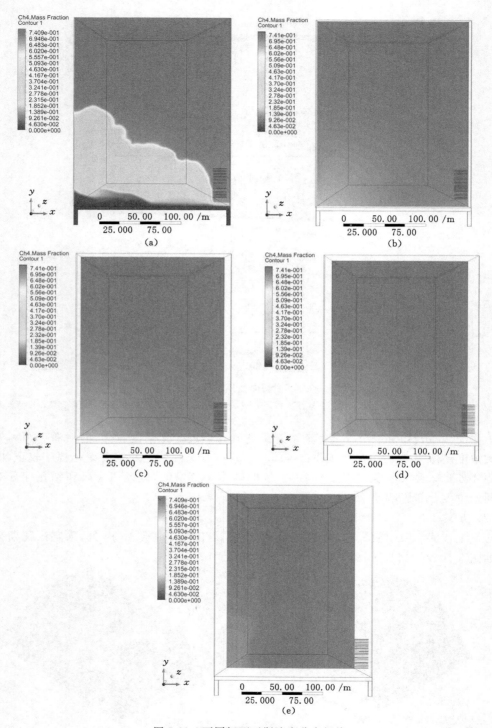

图 5-11　不同切面瓦斯浓度分布规律

（a）$z=3$ m；（b）$z=15$ m；（c）$z=25$ m；（d）$z=35$ m；（e）$z=45$ m；

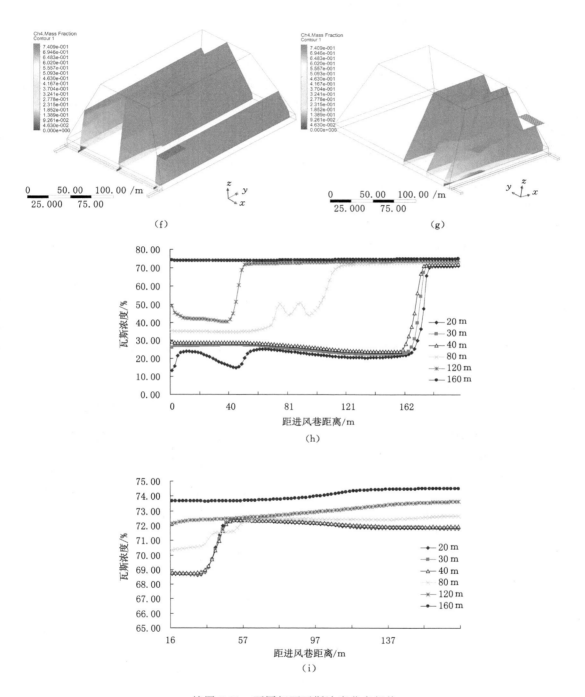

续图 5-11 不同切面瓦斯浓度分布规律

(f) $x=30$ m、115 m、179 m;(g) $y=10$ m、30 m、60 m;

(h) $z=3$ m 切面中距工作面不同距离瓦斯浓度特征;

(i) $z=45$ m 切面中处距工作面不同距离瓦斯浓度特征

由图 5-10 可知,受进风巷漏风和钻孔抽采影响,采空区瓦斯浓度分布不均匀。主要体现在工作面进风巷侧瓦斯浓度较回风巷侧小,采空区深部瓦斯浓度较浅部大,工作面上隅角至高位钻孔附近瓦斯浓度小。

由图 5-11 可知,采空区走向和倾向不同切面瓦斯浓度分布特征不同,随着采空区高度增加,受进风巷漏风和钻孔抽采影响逐渐减小,靠近进风巷侧瓦斯浓度较小,滞后工作面越远瓦斯浓度越大。由图 5-11(e)、(f)可知,z 值不同,滞后工作面不同距离和高度的瓦斯浓度变化规律也不同。当 $z = 3$ m 时,滞后工作面 20 m、30 m、40 m、80 m 处瓦斯浓度距进风巷越近变化幅度越大;其中 20 m、30 m、40 m 处瓦斯浓度在距进风巷 170 m 处变化较大,瓦斯浓度由 25% 增大为 67%;80 m 处瓦斯浓度在进风巷 85 m 处变化较大,瓦斯浓度由 35% 增大为 69%,瓦斯最大浓度差值为 42%。滞后工作面 120 m、160 m 处瓦斯浓度在距进风巷 40 m 后变化幅度较小,同一滞后距离处瓦斯最大浓度差值为 0.8%,表明进风巷漏风和钻孔抽采对采空区浅部瓦斯浓度分布影响较大,对采空区深部的影响较小。当 $z = 45$ m 时,滞后工作面 20 m、30 m、40 m 处瓦斯浓度距进风巷越近变化幅度越大,同一滞后距离处瓦斯最大浓度差值为 5.3%;滞后工作面 80 m、120 m、160 m 处瓦斯浓度变化幅度较小,同一滞后距离处瓦斯最大浓度差值为 0.20%,表明随着 z 值增大,进风巷漏风和钻孔抽采对采空区瓦斯浓度分布影响越来越小。

(3) 方案 3

滞后工作面 10 m 沿倾向布置高位钻孔,终孔位于煤层顶板 55 m 处,采空区瓦斯分布规律如图 5-12、图 5-13 所示。

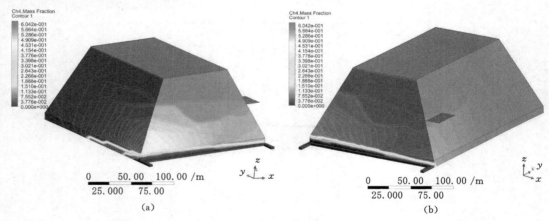

图 5-12 采空区瓦斯三维空间分规律
(a) 进风巷侧;(b) 回风巷侧

由图 5-12 可知,受进风巷漏风和钻孔抽采影响,采空区瓦斯浓度分布不均匀。主要体现在工作面进风巷侧瓦斯浓度较回风巷侧小,采空区深部瓦斯浓度较浅部大,工作面上隅角至高位钻孔附近瓦斯浓度较小。

由图 5-13 可知,采空区走向和倾向不同切面瓦斯浓度分布特征不同,随着采空区高度增加,受进风巷漏风和钻孔抽采影响逐渐减小,靠近进风巷侧瓦斯浓度较小,滞后工作面越远瓦斯浓度越大。由图 5-13(e)、(f)可知,z 值不同,滞后工作面不同距离和高度的瓦斯浓

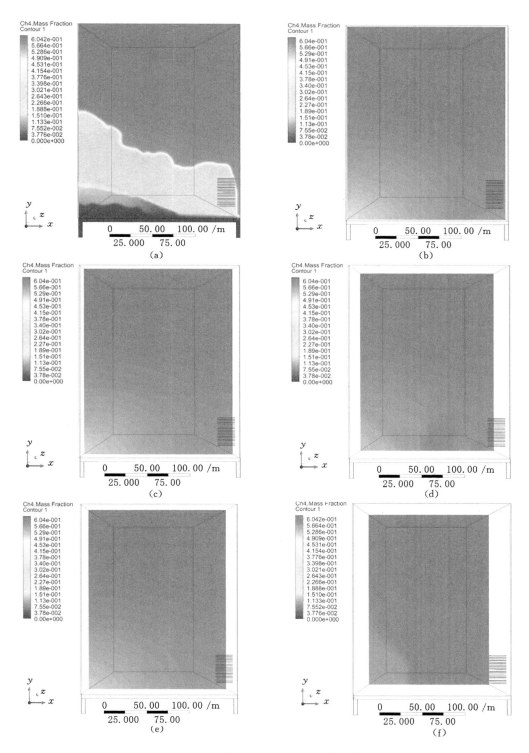

图 5-13 不同切面瓦斯浓度分布规律

(a) $z=3$ m;(b) $z=15$ m;(c) $z=25$ m;(d) $z=35$ m;(e) $z=45$ m;(f) $z=55$ m;

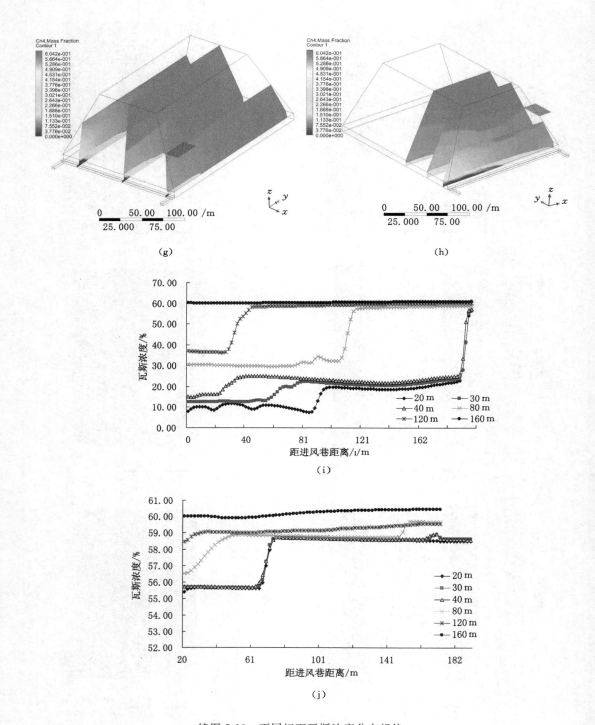

续图 5-13　不同切面瓦斯浓度分布规律

（g）$x=30$ m、115 m，174 m；（h）$y=10$ m、30 m、60 m；

（i）$z=3$ m 切面中距工作面不同距离瓦斯浓度特征；（j）$z=55$ m 切面中处距工作面不同距离瓦斯浓度特征

度变化规律不同。当 $z=3$ m 时,滞后工作面 20 m、30 m、40 m、80 m 处瓦斯浓度距进风巷越近变化幅度越大;其中 20 m、30 m、40 m 处瓦斯浓度在距进风巷 81 m 处发生小范围变化后维持在 20% 左右,在距进风巷 190 m 处变化较大,瓦斯浓度由 25% 增大为 58%;80 m 处瓦斯浓度在距进风巷 105 m 处变化较大,瓦斯浓度由 32% 增大为 57%,瓦斯最大浓度差值为 33%。滞后工作面 120 m、160 m 处瓦斯浓度在距进风巷 35 m 后变化幅度较小,同一滞后距离处瓦斯最大浓度差值为 1.1%,表明进风巷漏风和钻孔抽采对采空区浅部瓦斯浓度分布影响较大,对采空区深部的影响较小。当 $z=55$ m 时,滞后工作面 20 m、30 m、40 m 处瓦斯浓度距进风巷 70 m 前基本维持不变,在 70 m 处发生较大变化,瓦斯浓度由 55.5% 增大到 58.5%,同一滞后距离处瓦斯最大浓度差值为 3.0%;滞后工作面 80 m、120 m、160 m 处瓦斯浓度变化幅度较小,同一滞后距离处瓦斯最大浓度差值为 0.60%,表明随着 z 值增大,进风巷漏风和钻孔抽采对采空区瓦斯浓度分布影响越来越小。

（4）方案对比分析

通过分析方案 1~3 采空区瓦斯浓度分布规律可知,高位钻孔终孔位于煤层顶板不同层位时,对采空区瓦斯浓度分布影响大。方案 1~3 工作面瓦斯浓度监测结果如图 5-14 所示,钻孔抽采瓦斯浓度和工作面上隅角瓦斯浓度如图 5-15 所示。

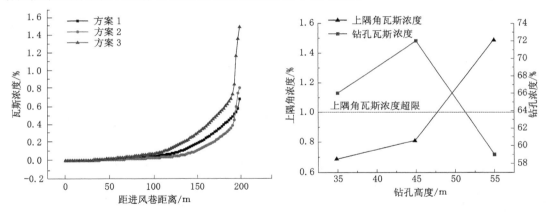

图 5-14　不同层位工作面瓦斯浓度分布特征　　　图 5-15　不同层位上隅角和钻孔抽采瓦斯浓度

由图 5-14、图 5-15 可知,当高位钻孔终孔位于不同层位时,工作面瓦斯浓度分布特征不同,随着远离进风巷,工作面瓦斯浓度逐渐增高。当高位钻孔终孔位于煤层顶板 35 m 处时,工作面内距进风巷 110~200 m 瓦斯浓度增高较快,工作面上隅角瓦斯浓度最大值为 0.687 2%,钻孔抽采瓦斯浓度为 66%。当高位钻孔终孔位于煤层顶板 45 m 处时,工作面内距进风巷 140~200 m 瓦斯浓度增高较慢,工作面上隅角瓦斯浓度最大值为 0.811 9%,钻孔抽采瓦斯浓度为 72%。当高位钻孔终孔位于煤层顶板 55 m 处时,工作面内距进风巷 100~200 m 处瓦斯浓度增高快,工作面上隅角瓦斯浓度最大为 1.491 9%,上隅角瓦斯浓度超出《煤矿安全规程》规定,此时钻孔抽采瓦斯浓度为 59%。

综合以上分析,当高位钻孔终孔位于煤层顶板 45 m 处时,工作面内距回风巷 60 m 范围内瓦斯浓度开始慢慢增高,增高幅度较 35 m、55 m 的慢,影响范围较 35 m、55 m 的小;高位钻孔抽采瓦斯浓度高,工作面瓦斯浓度增高较慢,且工作面上隅角瓦斯浓度不超限,能够保障工作面安全高效开采。

5.3.3 高位钻孔滞后工作面 15 m

（1）方案 4

滞后工作面 15 m 沿倾向布置高位钻孔，终孔位于煤层顶板 35 m 处，采空区瓦斯分布规律如图 5-16、图 5-17 所示。

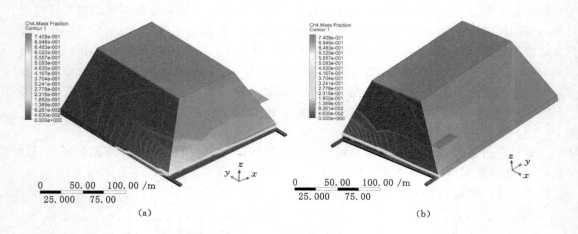

图 5-16 采空区瓦斯三维空间分布规律
(a) 进风巷侧；(b) 回风巷侧

由图 5-16 可知，受进风巷漏风和钻孔抽采影响，采空区瓦斯浓度分布不均匀。主要体现在工作面进风巷侧瓦斯浓度较回风巷侧小，采空区深部瓦斯浓度较浅部大，工作面上隅角至高位钻孔附近瓦斯浓度较小。

由图 5-17 可知，采空区走向和倾向不同切面瓦斯浓度分布特征不同，随着采空区高度增加，受进风巷漏风和钻孔抽采影响逐渐减小，靠近进风巷侧瓦斯浓度较小，滞后工作面越远瓦斯浓度越大。由图 5-17(e)、(f)可知，z 值不同，滞后工作面不同距离和高度的瓦斯浓度变化规律不同。当 $z=3$ m 时，滞后工作面 20 m、30 m、40 m、80 m 处瓦斯浓度距进风巷越近变化幅度越大；其中 20 m、30 m、40 m 处瓦斯浓度在距进风巷 170 m 处变化较大，瓦斯浓度由 22% 增大为 58%；80 m 处瓦斯浓度在距进风巷 145 m 处变化较大，瓦斯浓度由 33% 增大为 60%，瓦斯最大浓度差值为 37%。滞后工作面 120 m、160 m 处瓦斯浓度在距进风巷 35 m 后变化幅度较小，同一滞后距离处瓦斯最大浓度差值为 0.6%，表明进风巷漏风和钻孔抽采对采空区浅部瓦斯浓度分布影响较大，对采空区深部的影响较小。当 $z=35$ m 时，滞后工作面 20 m、30 m、40 m 处瓦斯浓度距进风巷越近变化幅度越大，同一滞后距离处瓦斯最大浓度差值为 4.2%；滞后工作面 80 m、120 m、160 m 处瓦斯浓度变化幅度较小，同一滞后距离处瓦斯最大浓度差值为 0.60%，表明随着 z 值增大，进风巷漏风和钻孔抽采对采空区瓦斯浓度分布影响越来越小。

（2）方案 5

滞后工作面 15 m 沿倾向布置高位钻孔，终孔位于煤层顶板 45 m 处，采空区瓦斯分布规律如图 5-18、图 5-19 所示。

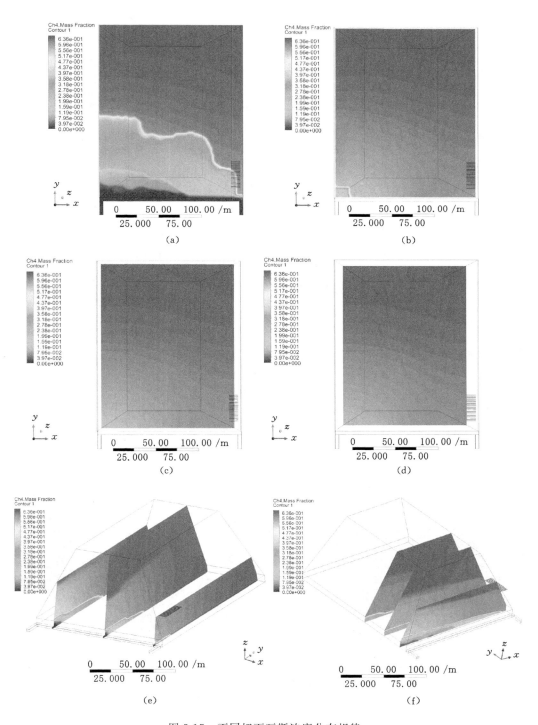

图 5-17 不同切面瓦斯浓度分布规律

(a) $z=3$ m;(b) $z=15$ m;(c) $z=25$ m;(d) $z=35$ m;(e) $x=30$ m、115 m、183 m;(f) $y=10$ m、30 m、60 m;

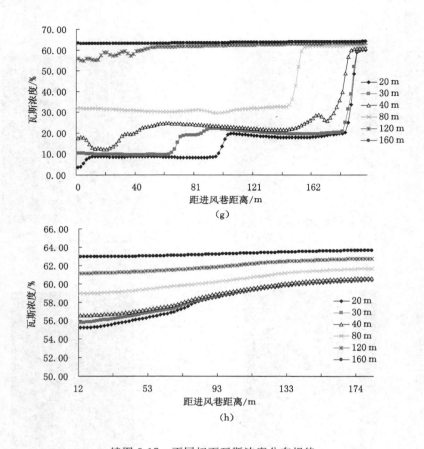

续图 5-17　不同切面瓦斯浓度分布规律

（g）z＝3 m 切面中距工作面不同距离瓦斯浓度特征；（h）z＝35 m 切面中处距工作面不同距离瓦斯浓度特征

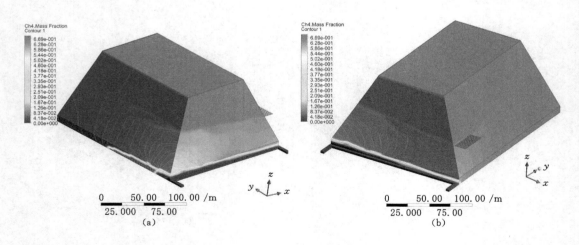

图 5-18　采空区瓦斯三维空间分布规律

（a）进风巷侧；（b）回风巷侧

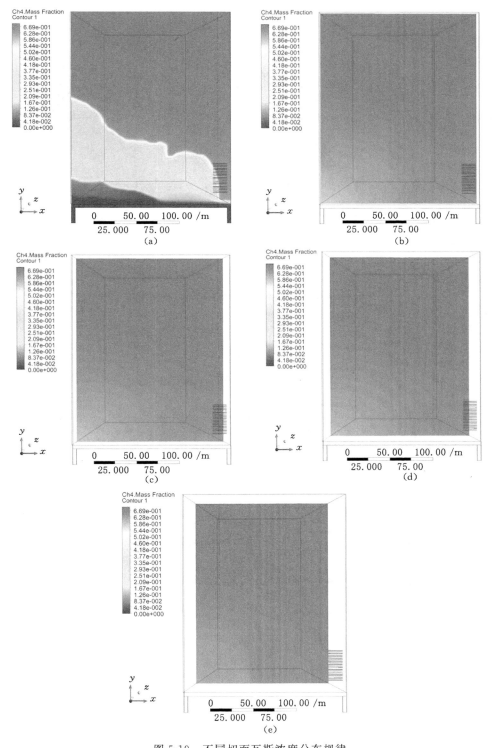

图 5-19　不同切面瓦斯浓度分布规律

(a) $z=3$ m;(b) $z=15$ m;(c) $z=25$ m;(d) $z=35$ m;(e) $z=45$ m;

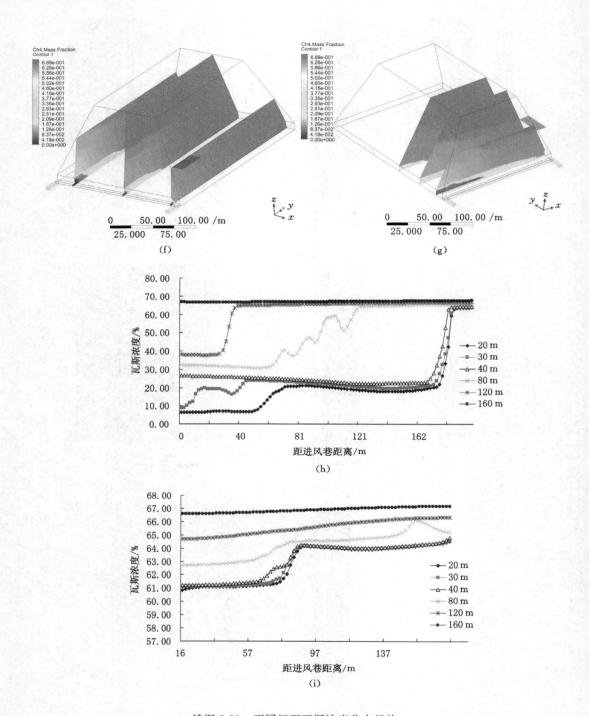

续图 5-19　不同切面瓦斯浓度分布规律

(f) $x=30$ m、115 m、179 m；(g) $y=10$ m、30 m、60 m；

(h) $z=3$ m 切面中距工作面不同距离瓦斯浓度特征；

(i) $z=45$ m 切面中处距工作面不同距离瓦斯浓度特征

由图 5-18 可知,受进风巷漏风和钻孔抽采影响,采空区瓦斯浓度分布不均匀。主要体现在工作面进风巷侧瓦斯浓度较回风巷侧小,采空区深部瓦斯浓度较浅部大,工作面上隅角至高位钻孔附近瓦斯浓度小。

由图 5-19 可知,采空区走向和倾向不同切面瓦斯浓度分布特征不同,随着采空区高度增加,受进风巷漏风和钻孔抽采影响逐渐减小,靠近进风巷侧瓦斯浓度较小,滞后工作面越远瓦斯浓度越大。由图 5-19(e)、(f)可知,z 值不同,滞后工作面不同距离和高度的瓦斯浓度变化规律也不同。当 $z=3$ m 时,滞后工作面 20 m、30 m、40 m、80 m 处瓦斯浓度距进风巷越近变化幅度越大;其中 20 m、30 m、40 m 处瓦斯浓度在距进风巷 175 m 处变化较大,瓦斯浓度由 22% 增大为 62%;80 m 处瓦斯浓度在距进风巷 60~120 m 处变化较大,瓦斯浓度由 33% 增大为 63%,瓦斯最大浓度差值为 40%。滞后工作面 120 m、160 m 处瓦斯浓度在距进风巷 35 m 后变化幅度较小,同一滞后距离处瓦斯最大浓度差值为 0.30%,表明进风巷漏风和钻孔抽采对采空区浅部瓦斯浓度分布影响较大,对采空区深部的影响较小。当 $z=45$ m 时,滞后工作面 20 m、30 m、40 m 处瓦斯浓度距进风巷越近变化幅度越大,同一滞后距离处瓦斯最大浓度差值为 3.0%;滞后工作面 80 m、120 m、160 m 处瓦斯浓度变化幅度较小,同一滞后距离处瓦斯最大浓度差值为 0.60%,表明随着 z 值增大,进风巷漏风和钻孔抽采对采空区瓦斯浓度分布影响越来越小。

(3) 方案 6

滞后工作面 15 m 沿倾向布置高位钻孔,终孔位于煤层顶板 55 m 处,采空区瓦斯分布规律如图 5-20、图 5-21 所示。

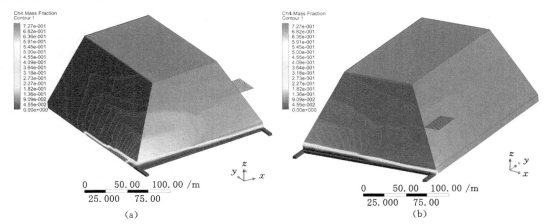

(a)　　　　　　　　　　　　　　(b)

图 5-20　采空区瓦斯三维空间分布规律

(a)进风巷侧;(b)回风巷侧

由图 5-20 可知,受进风巷漏风和钻孔抽采影响,采空区瓦斯浓度分布不均匀。主要体现在工作面进风巷侧瓦斯浓度较回风巷侧小,采空区深部瓦斯浓度较浅部大,工作面上隅角至高位钻孔附近瓦斯浓度较小。

由图 5-21 可知,采空区走向和倾向不同切面瓦斯浓度分布特征不同,随着采空区高度增加,受进风巷漏风和钻孔抽采影响逐渐减小,靠近进风巷侧瓦斯浓度较小,滞后工作面越远瓦斯浓度越大。由图 5-21(e)、(f)可知,z 值不同,滞后工作面不同距离和高度的瓦斯浓

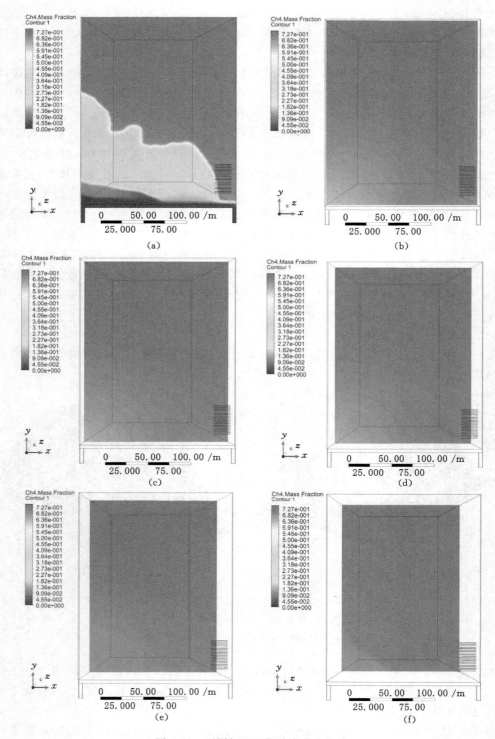

图 5-21　不同切面瓦斯浓度分布规律

（a）$z=3$ m；（b）$z=15$ m；（c）$z=25$ m；（d）$z=35$ m；（e）$z=45$ m；（f）$z=55$ m；

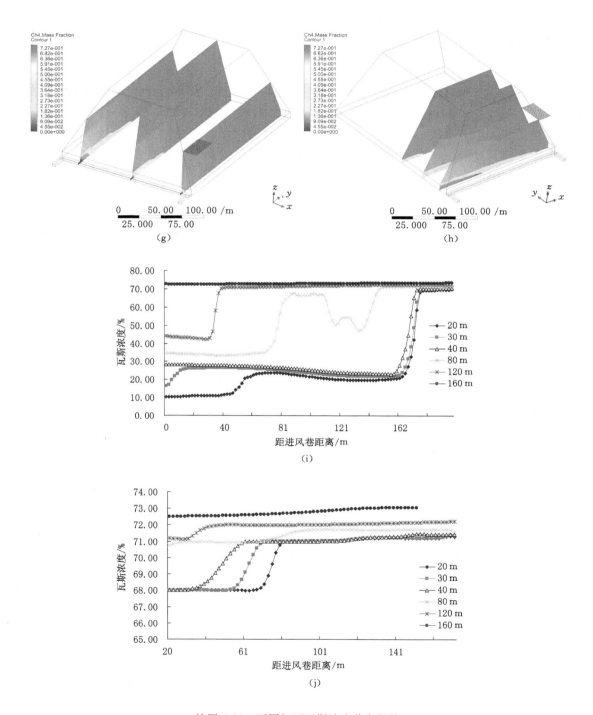

续图 5-21 不同切面瓦斯浓度分布规律

(g) x＝30 m、115 m、174 m；(h) y＝10 m、30 m、60 m；

(i) z＝3 m 切面中距工作面不同距离瓦斯浓度特征；(j) z＝55 m 切面中处距工作面不同距离瓦斯浓度特征

度变化规律不同。当 $z=3$ m 时,滞后工作面 20 m、30 m、40 m、80 m 处瓦斯浓度距进风巷越近变化幅度越大;其中 20 m、30 m、40 m 处瓦斯浓度在距进风巷 165 m 处变化较大,瓦斯浓度由 25% 增大为 68%;80 m 处瓦斯浓度在距进风巷 80～145 m 处变化较大,瓦斯浓度由 35% 增大为 68%,瓦斯最大浓度差值为 43%;滞后工作面 120 m、160 m 处瓦斯浓度在距进风巷 40 m 后变化幅度较小,同一滞后距离处瓦斯最大浓度差值为 0.40%,表明进风巷漏风和钻孔抽采对采空区浅部瓦斯浓度分布影响较大,对深部的影响较小。当 $z=55$ m 时,滞后工作面 20 m、30 m、40 m 处瓦斯浓度距进风巷越近变化幅度越大,同一滞后距离处瓦斯最大浓度差值为 3.0%;滞后工作面 80 m、120 m、160 m 处瓦斯浓度变化幅度较小,同一滞后距离处瓦斯最大浓度差值为 0.90%,表明随着 z 值增大,进风巷漏风和钻孔抽采对采空区瓦斯浓度分布影响越来越小。

（4）方案对比分析

通过分析方案 4～6 采空区瓦斯浓度分布规律可知,高位钻孔终孔位于煤层顶板不同层位时,对采空区瓦斯浓度分布影响大。方案 4～6 工作面瓦斯浓度监测结果如图 5-22 所示,钻孔抽采瓦斯浓度和工作面上隅角瓦斯浓度如图 5-23 所示。

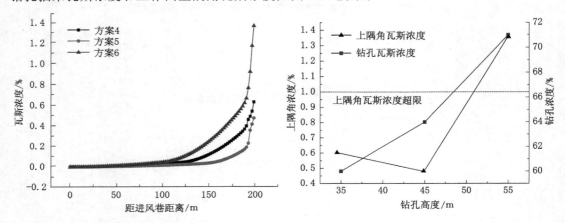

图 5-22　不同层位工作面瓦斯浓度分布特征　　图 5-23　不同层位上隅角和钻孔抽采瓦斯浓度

由图 5-22、图 5-23 可知,当高位钻孔终孔位于不同层位时,工作面瓦斯浓度分布特征不同,随着远离进风巷,工作面瓦斯浓度逐渐增高。当高位钻孔终孔位于煤层顶板 35 m 处时,工作面内距进风巷 150～200 m 瓦斯浓度增高较快,工作面上隅角瓦斯浓度最大值为 0.631 6%,钻孔抽采瓦斯浓度为 60%。当高位钻孔终孔位于煤层顶板 45 m 处时,工作面内距进风巷 175～200 m 瓦斯浓度增高较慢,工作面上隅角瓦斯浓度最大值为 0.471 1%,钻孔抽采瓦斯浓度为 64%。当高位钻孔终孔位于煤层顶板 55 m 处时,工作面内距进风巷 100～200 m 瓦斯浓度增高快,工作面上隅角瓦斯浓度最大值为 1.366 7%,上隅角瓦斯浓度超出《煤矿安全规程》规定,此时钻孔抽采瓦斯浓度为 71%。

综合以上分析,当高位钻孔终孔位于煤层顶板 45 m 处时,工作面内距回风巷 25 m 范围内瓦斯浓度开始慢慢增高,增高幅度较 35 m、55 m 的慢,影响范围较 35 m、55 m 的小;高位钻孔抽采瓦斯浓度高,工作面瓦斯浓度增高较慢,且工作面上隅角瓦斯浓度不超限,能够保障工作面安全高效开采。

5.3.4　高位钻孔滞后工作面 20 m

（1）方案 7

滞后工作面 20 m 沿倾向布置高位钻孔，终孔位于煤层顶板 35 m 处，采空区瓦斯分布规律如图 5-24、5-25 所示。

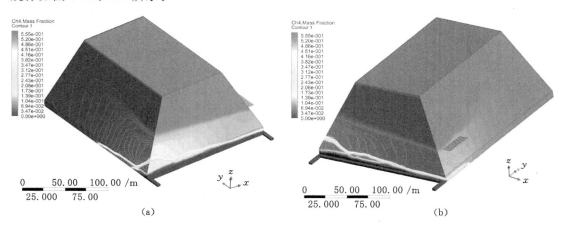

图 5-24　采空区瓦斯三维空间分布规律
（a）进风巷侧；（b）回风巷侧

由图 5-24 可知，受进风巷漏风和钻孔抽采影响，采空区瓦斯浓度不均匀分布。主要体现在工作面进风巷侧瓦斯浓度较回风巷侧小，采空区深部瓦斯浓度较浅部大，工作面上隅角至高位钻孔附近瓦斯浓度较小。

由图 5-25 可知，采空区走向和倾向不同切面瓦斯浓度分布特征不同，随着采空区高度增加，受进风巷漏风和钻孔抽采影响逐渐减小，靠近进风巷侧瓦斯浓度较小，滞后工作面越远瓦斯浓度越大。由图 5-25（e）、（f）可知，z 值不同，滞后工作面不同距离和高度的瓦斯浓度变化规律不同。当 $z=3$ m 时，滞后工作面 20 m、30 m、40 m、80 m 处瓦斯浓度距进风巷越近变化幅度越大；其中 80 m 处瓦斯浓度为 25%～50%，瓦斯最大浓度差值为 25%。滞后工作面 120 m、160 m 处瓦斯浓度变化幅度较小，同一滞后距离处瓦斯最大浓度差值为 1.2%，表明进风巷漏风和钻孔抽采对采空区浅部瓦斯浓度分布影响较大，对深部的影响较小。当 $z=35$ m 时，滞后工作面 20 m、30 m、40 m 处瓦斯浓度距进风巷越近变化幅度大，同一滞后距离处瓦斯最大浓度差值为 5.3%；滞后工作面 80 m、120 m、160 m 处瓦斯浓度变化幅度较小，同一滞后距离处瓦斯最大浓度差值为 0.34%，表明随着 z 值增大，进风巷漏风和钻孔抽采对采空区瓦斯浓度分布影响越来越小。

（2）方案 8

滞后工作面 20 m 沿倾向布置高位钻孔，终孔位于煤层顶板 45 m 处，采空区瓦斯分布规律如图 5-26、图 5-27 所示。

由图 5-26 可知，受进风巷漏风和钻孔抽采影响，采空区瓦斯浓度分布不均匀。主要体现在工作面进风巷侧瓦斯浓度较回风巷侧小，采空区深部瓦斯浓度较浅部大，工作面上隅角至高位钻孔附近瓦斯浓度小。

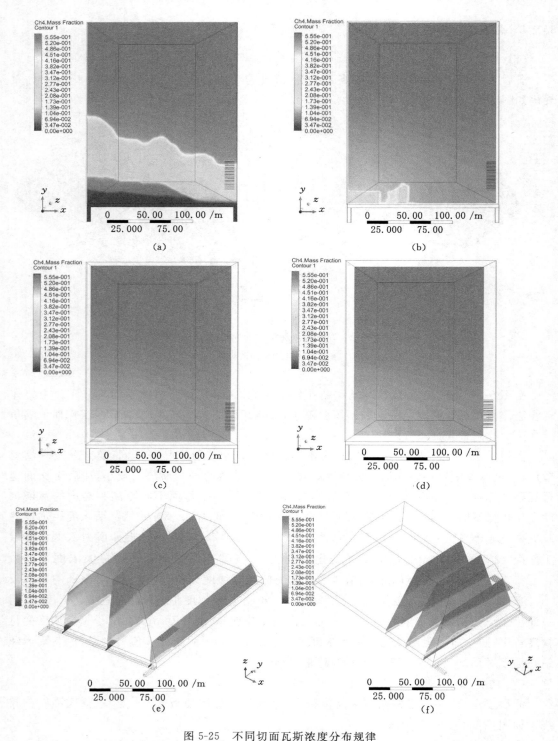

图 5-25　不同切面瓦斯浓度分布规律

(a) $z=3$ m；(b) $z=15$ m；(c) $z=25$ m；(d) $z=35$ m；

(e) $x=30$ m、115 m、183 m；(f) $y=10$ m、30 m、60 m；

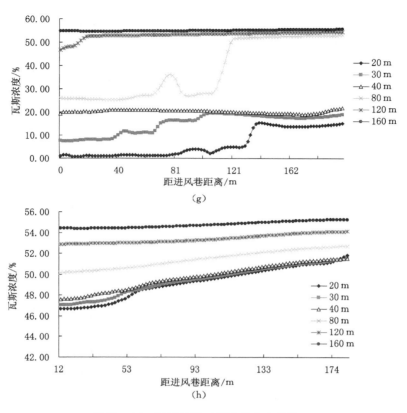

续图 5-25　不同切面瓦斯浓度分布规律

（g）$z=3$ m 切面中距工作面不同距离瓦斯浓度特征；（h）$z=35$ m 切面中处距工作面不同距离瓦斯浓度特征

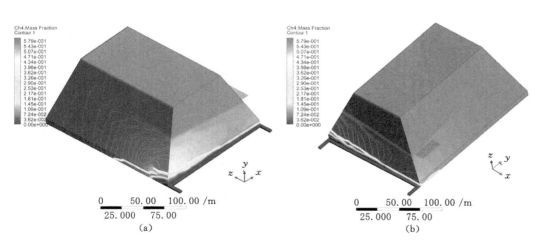

图 5-26　采空区瓦斯三维空间分布规律

（a）进风巷侧；（b）回风巷侧

　　由图 5-27 可知,采空区走向和倾向不同切面瓦斯浓度分布特征不同,随着采空区高度增加,受进风巷漏风和钻孔抽采影响逐渐减小,靠近进风巷侧瓦斯浓度较小,滞后工作面越

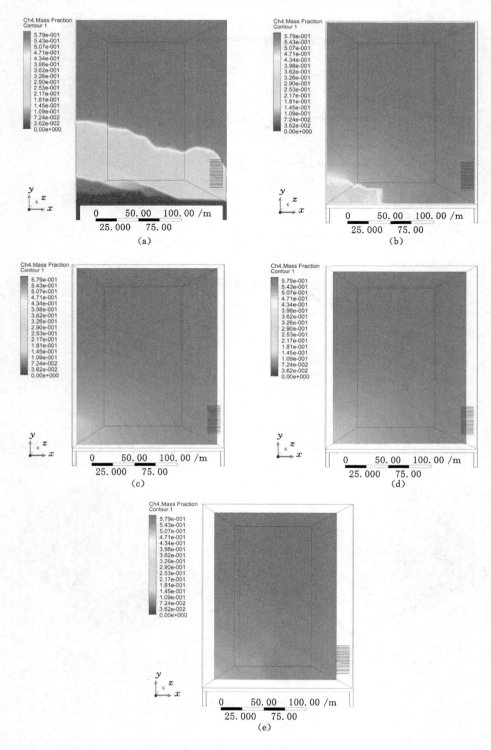

图 5-27　不同切面瓦斯浓度分布规律

(a) $z=3$ m;(b) $z=15$ m;(c) $z=25$ m;(d) $z=35$ m;(e) $z=45$ m;

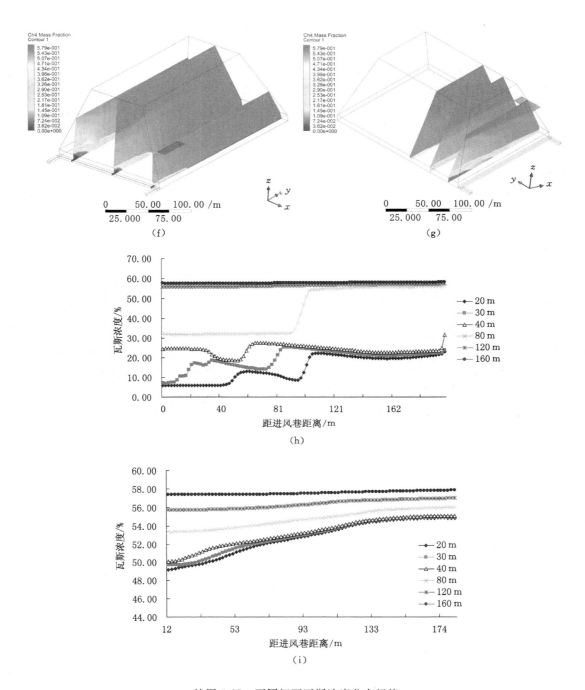

续图 5-27 不同切面瓦斯浓度分布规律

(f) $x=30$ m、115 m、179 m；(g) $y=10$ m、30 m、60 m；

(h) $z=3$ m 切面中距工作面不同距离瓦斯浓度特征；

(i) $z=45$ m 切面中处距工作面不同距离瓦斯浓度特征

远瓦斯浓度越大。由图5-27(e)、(f)可知，z值不同，滞后工作面不同距离和高度的瓦斯浓度变化规律不同。当$z=3$ m时，滞后工作面20 m、30 m、40 m、80 m处瓦斯浓度距进风巷越近变化幅度越大；其中20 m、30 m、40 m处瓦斯浓度为5％～25％；80 m处瓦斯浓度为33％～55％，同一滞后距离处瓦斯最大浓度差值为22％；滞后工作面120 m、160 m处瓦斯浓度变化幅度较小，同一滞后距离处瓦斯最大浓度差值为1.0％，表明进风巷漏风和钻孔抽采对采空区浅部瓦斯浓度分布影响较大，对深部的影响较小。当$z=45$ m时，滞后工作面20 m、30 m、40 m、80 m处瓦斯浓度距进风巷越近变化幅度越大，同一滞后距离处瓦斯最大浓度差值为7.5％；滞后工作面120 m、160 m处瓦斯浓度变化幅度较小，同一滞后距离处瓦斯最大浓度差值为0.68％，表明随着z值增大，进风巷漏风和钻孔抽采对采空区瓦斯浓度分布影响越来越小。

（3）方案9

滞后工作面20 m沿倾向布置高位钻孔，终孔位于煤层顶板55 m处，采空区瓦斯分布规律如图5-28、5-29所示。

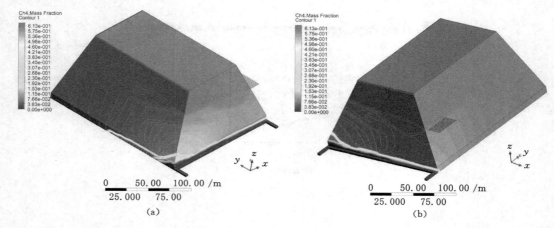

图5-28　采空区瓦斯三维空间分布规律

(a) 进风巷侧；(b) 回风巷侧

由图5-28可知，受进风巷漏风和钻孔抽采影响，采空区瓦斯浓度不均匀分布。主要体现在工作面进风巷侧瓦斯浓度较回风巷侧小，采空区深部瓦斯浓度较浅部大，工作面上隅角至高位钻孔附近瓦斯浓度小。

由图5-29可知，采空区走向和倾向不同切面瓦斯浓度分布特征不同，随着采空区高度增加，受进风巷漏风和钻孔抽采影响逐渐减小，靠近进风巷侧瓦斯浓度较小，滞后工作面越远瓦斯浓度越大。由图5-29(e)、(f)可知，z值不同，滞后工作面不同距离和高度的瓦斯浓度变化规律不同。当$z=3$ m时，滞后工作面20 m、30 m、40 m、80 m处瓦斯浓度距进风巷越近变化幅度越大，距进风巷185 m时瓦斯浓度逐渐上升为20％，距进风巷185～200 m瓦斯浓度快速升高至58.5％，同一滞后距离处瓦斯最大浓度差值为52％；滞后工作面120 m、160 m处距进风巷35 m后瓦斯浓度变化幅度较小，瓦斯浓度为58％～60％，瓦斯最大浓度差值为2.0％，表明进风巷漏风和钻孔抽采对采空区浅部瓦斯浓度分布影响较大，对深部影响较小。当$z=55$ m时，滞后工作面20 m、30 m、40 m、80 m处瓦斯浓度距进风巷越近变化

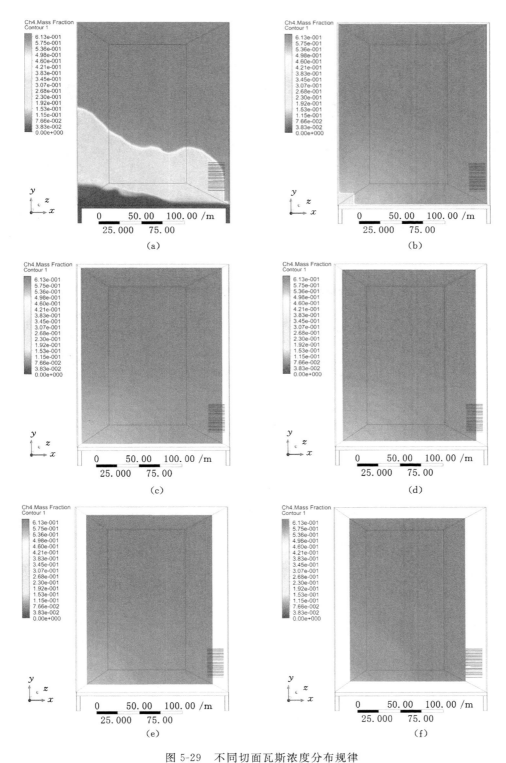

图 5-29　不同切面瓦斯浓度分布规律

（a）$z=3$ m；（b）$z=15$ m；（c）$z=25$ m；（d）$z=35$ m；（e）$z=45$ m；（f）$z=55$ m；

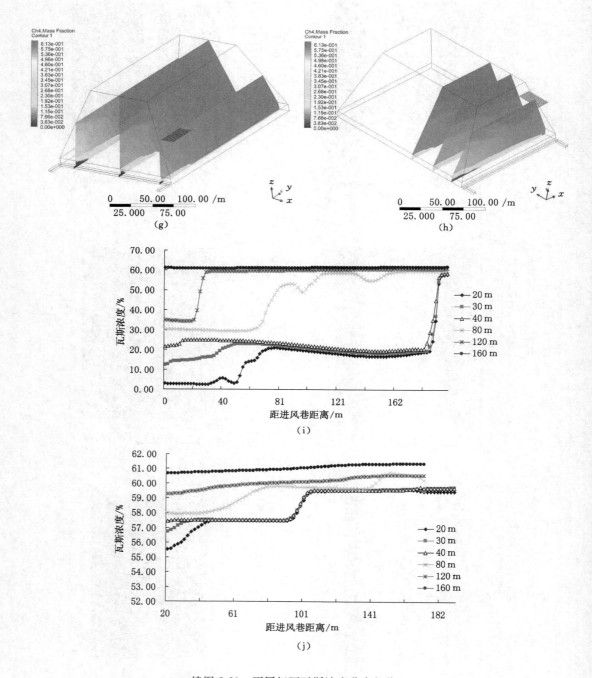

续图 5-29　不同切面瓦斯浓度分布规律

（g）$x=30$ m、115 m、174 m；（h）$y=10$ m、30 m、60 m；

（i）$z=3$ m 切面中距工作面不同距离瓦斯浓度特征；

（j）$z=55$ m 切面中处距工作面不同距离瓦斯浓度特征

幅度越大,同一滞后距离处瓦斯最大浓度差值为 2.0%;滞后工作面 120 m、160 m 处瓦斯浓度变化幅度较小,同一滞后距离处瓦斯最大浓度差值为 0.75%,表明随着 z 值增大,进风巷漏风和钻孔抽采对采空区瓦斯浓度分布影响越来越小。

（4）方案对比分析

通过分析方案 7～9 采空区瓦斯浓度分布规律可知,高位钻孔终孔位于煤层顶板不同层位时,对采空区瓦斯浓度分布影响大。方案 7～9 工作面瓦斯浓度监测结果如图 5-30 所示,钻孔抽采瓦斯浓度和工作面上隅角瓦斯浓度如图 5-31 所示。

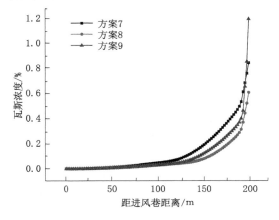

图 5-30 不同层位工作面瓦斯浓度分布特征

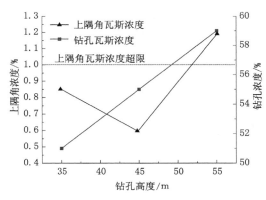

图 5-31 不同层位上隅角和钻孔抽采瓦斯浓度

由图 5-30、图 5-31 可知,当高位钻孔终孔位于不同层位时,工作面瓦斯浓度分布特征不同,随着远离进风巷,工作面瓦斯浓度逐渐增高。当高位钻孔终孔位于煤层顶板 35 m 处时,工作面内距进风巷 150～200 m 瓦斯浓度增高较快,工作面上隅角瓦斯浓度最大值为 0.841 2%,钻孔抽采瓦斯浓度为 51%。当高位钻孔终孔位于煤层顶板 45 m 处时,工作面内距进风巷 150～200 m 瓦斯浓度增高较慢,工作面上隅角瓦斯浓度最大值为 0.605 8%,钻孔抽采瓦斯浓度为 55%。当高位钻孔终孔位于煤层顶板 55 m 处时,工作面内距进风巷 130～200 m 瓦斯浓度增高较快,工作面上隅角瓦斯浓度最大值为 1.196%,上隅角瓦斯浓度超出《煤矿安全规程》规定,此时钻孔抽采瓦斯浓度为 59%。

综合以上分析,当高位钻孔终孔位于煤层顶板 45 m 处时,工作面内距回风巷 50 m 处开始快速增高,增高幅度较 35 m、55 m 的慢,影响范围较 35 m、55 m 的小;高位钻孔抽采瓦斯浓度高,工作面瓦斯浓度增高较慢,且工作面上隅角瓦斯浓度不超限,能够保障工作面安全高效开采。

5.3.5 综合对比分析

综合以上 9 个方案可知,高位钻孔抽采效果与其终孔位置关系密切,无抽采、方案 2、方案 5 和方案 8 条件下工作面瓦斯浓度分布规律对比如图 5-32 所示。由图 5-32 可知,高位钻孔终孔位置决定了工作面瓦斯浓度分布规律,工作面瓦斯浓度变化趋势基本相同,即距进风巷越远瓦斯浓度逐渐增高;在距回风巷 25 m 内,瓦斯浓度增高较快,无抽采条件下工作面上端头 25 m 范围内瓦斯浓度超限,方案 2、5、8 条件下高位钻孔抽采效果明显,工作面上端

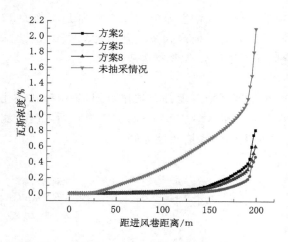

图 5-32 综合对比工作面瓦斯浓度分布曲线

头 25 m 范围内瓦斯浓度较低,瓦斯浓度均未超限。

方案 2、5、8 中,距进风巷 150 m 内工作面瓦斯浓度为 0～0.12%,距进风巷 185 m 外工作面瓦斯浓度变化较大,工作面上端头隅角处瓦斯浓度达到了最大值,分别为 0.811 9%、0.471 1%、0.605 8%,表明方案 5 条件下高位钻孔抽采效果较方案 2、方案 8 好,可见方案 5 中高位钻孔终孔位置合理。

综合考虑工作面瓦斯浓度、高位钻孔瓦斯浓度,滞后工作面 15 m 布置高位钻孔,且高位钻孔终孔位于煤层顶板 45 m 处,可保证高位钻孔对工作面覆岩采动卸压瓦斯抽采效果。

5.4 本章小结

(1) 介绍了 FLUENT 软件中的功能模块及分析过程,结合 2-603 工作面开采技术条件建立了物理模型,为优化设计高位钻孔终孔位置设计了 9 个模拟方案。

(2) 无抽采条件下,工作面瓦斯浓度超限范围大,单靠通风来解决工作面上隅角瓦斯超限效果不明显。

(3) 滞后工作面 10 m 布置高位钻孔时,当终孔位于煤层顶板 35 m 处时,距进风巷 110～200 m 内工作面瓦斯浓度上升慢,上隅角瓦斯浓度最大为 0.687 2%,钻孔抽采瓦斯浓度为 66%;当终孔位于煤层顶板 45 m 处时,距进风巷 140～200 m 内工作面瓦斯浓度上升较快,上隅角瓦斯浓度最大为 0.811 9%,钻孔抽采瓦斯浓度为 72%;当终孔位于煤层顶板 55 m 处时,距进风巷 100～200 m 内工作面瓦斯浓度上升快,上隅角瓦斯浓度最大为 1.491 9%,钻孔抽采瓦斯浓度为 59%。

(4) 滞后工作面 15 m 布置高位钻孔时,当终孔位于煤层顶板 35 m 处时,距进风巷 150～200 m 内工作面瓦斯浓度上升较快,上隅角瓦斯浓度最大为 0.631 6%,钻孔抽采瓦斯浓度为 60%;当终孔位于煤层顶板 45 m 处时,距进风巷 175～200 m 内瓦斯浓度上升慢,上隅角瓦斯浓度最大为 0.471 1%,钻孔抽采瓦斯浓度为 64%;当终孔位于煤层顶板 55 m 处时,距进风巷 100～200 m 内瓦斯浓度上升快,上隅角瓦斯浓度最大为 1.366 7%,钻孔抽采瓦斯浓度为 71%。

（5）滞后工作面 20 m 布置高位钻孔时，当终孔位于煤层顶板 35 m 处时，距进风巷 150～200 m 内工作面瓦斯浓度上升较快，上隅角瓦斯浓度最大为 0.841 2%，钻孔抽采瓦斯浓度为 51%；当终孔位于煤层顶板 45 m 处时，距进风巷 150～200 m 内工作面瓦斯浓度上升慢，上隅角瓦斯浓度最大为 0.605 8%，钻孔抽采瓦斯浓度为 55%；当终孔位于煤层顶板 55 m 处时，距进风巷 130～200 m 内工作面瓦斯浓度上升快，上隅角瓦斯浓度最大为 1.196%，钻孔抽采瓦斯浓度为 59%。

（6）高位钻孔抽采效果与其终孔位置关系密切，当高位钻孔分别滞后工作面 10 m、15 m、20 m，终孔位于煤层顶板 45 m 处时，工作面上端头隅角处瓦斯浓度分别为 0.811 9%、0.471 1%、0.605 8%。综合考虑工作面瓦斯浓度、高位钻孔瓦斯浓度，滞后工作面 15 m 布置高位钻孔，且其终孔位于煤层顶板 45 m 处，可保证高位钻孔对工作面覆岩采动卸压瓦斯抽采效果。

6 外错高抽巷高位钻孔终孔合理位置的确定

本章采用钻孔探测技术进一步分析采场覆岩采动裂隙分布特征,并在外错高抽巷内布置抽采试验钻孔进行卸压瓦斯抽采试验分析,并结合钻孔卸压瓦斯抽采效果确定高位钻孔终孔合理位置。

6.1 覆岩采动裂隙带高度现场探测分析

6.1.1 探测仪器

采用中国矿业大学研制的 YTJ20 型钻孔窥视仪探测覆岩采动裂隙分布特征,YTJ20 型钻孔窥视仪如图 6-1 所示。

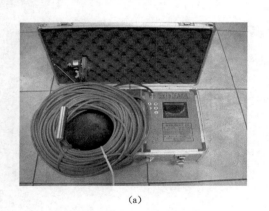
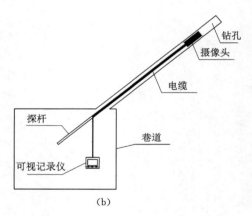

(a)   (b)

图 6-1 YTJ20 型岩层钻孔探测仪

(a) 实物照片;(b) 探测原理

6.1.2 探测钻孔布置参数

由第 3 章分析可知,裂隙带最大高度在距煤层顶板上方 35.6～47 m。2-603 工作面回采后,在外错高抽巷内向 2-603 采空区上方布置 3 个高位钻孔,探测采空区上覆岩采动裂隙分布特征。高位钻孔布置参数如图 6-2 所示。

钻孔倾角:1#、2#、3# 钻孔倾角分别为 15°、20°、25°。

钻孔布置:3 个钻孔呈直线扇形分布,孔口间距以便于施工和钻孔维护为宜,一般为 0.5 m。

钻孔深度:以预测裂隙带高度为准,其钻孔斜长不应小于预测数值,故 1# 钻孔斜长 70 m,2# 钻孔斜长 70 m,3# 钻孔斜长 70 m。

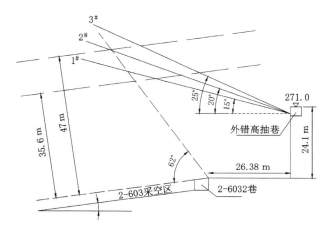

图 6-2 裂隙带观测孔布置参数

打孔及窥视顺序:$1^#→2^#→3^#$,打完孔后立即窥视。

钻孔直径:$\Phi=113$ mm。

6.1.3 高位钻孔采动裂隙分布特征

(1) $1^#$ 钻孔观测结果

钻孔在 7.00 m、11.05 m、15.50 m、16.00 m、19.20 m、25.00 m、27.00 m、27.95 m、31.70 m、32.00 m、36.60 m、39.00 m、43.10 m、45.00 m、46.20 m、49.30 m、51.00 m、52.00 m、52.30 m、54.20 m、54.80 m、56.00 m、58.00 m、59.00 m、59.40 m、59.80 m 处有明显裂隙;在 8.75~9.30 m、10.45 m、10.75 m、11.60 m、12.10 m、18.00 m、18.60 m、19.00 m、20.00~21.30 m、22.40 m、26.00 m、28.40 m、29.65~30.00 m、34.30 m、35.30 m、35.80 m、37.00 m、37.60 m、39.60 m、40.50 m、41.20 m、42.40 m、50.00 m、56.80 m、57.60 m 有大的裂隙;在 10.85 m、13.00 m、13.65 m、15.80~17.00 m、20.00~21.30 m、26.65 m、47.85 m、52.65~53.70 m、55.00 m 塌孔,有碎屑。实际钻孔窥视深度为 60 m。$1^#$ 钻孔部分观测图如图 6-3 所示。

(2) $2^#$ 钻孔观测结果

钻孔在 5.95 m、20.70 m、23.15 m、25.30 m、27.20 m、32.00 m、34.40 m、36.25 m、38.30 m、41.90 m、43.20 m 处有明显裂隙;在 6.10 m、6.50 m、7.00~8.00 m、8.10 m、8.70 m、9.30 m、10.00 m、12.10 m、12.85 m、13.60 m、14.00 m、14.80 m、15.00 m、16.85 m、17.00 m、18.00、21.60 m、22.70 m、28.50~28.80 m、29.50 m、29.90~30.00 m、33.70 m、35.00 m、37.10 m、41.00 m、42.00 m、44.40 m 处有大的裂隙;在 9.90~12.00 m、19.00 m、25.00 m、41.60 m、45.00 m 处塌孔,有碎屑。由于塌孔,窥视无法继续,实际测量到钻孔长度 47.40 m 处。$2^#$ 钻孔部分观测图如图 6-4 所示。

(3) $3^#$ 钻孔观测结果

钻孔在 9.00 m、10.10 m、15.00 m、19.95 m、20.30 m、25.00 m、32.80 m、33.40 m、33.80 m、36.10 m、37.60 m、44.80 m、48.35 m、51.50 m、52.00 m、55.00 m、55.30 m、56.00 m、57.50 m、57.95 m、58.70 m、59.60 m、61.00 m、63.60 m、64.20 m、65.00 m、66.80 m

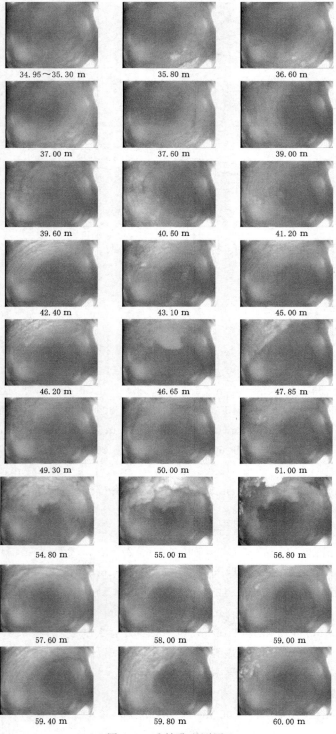

图 6-3　1# 钻孔观测图

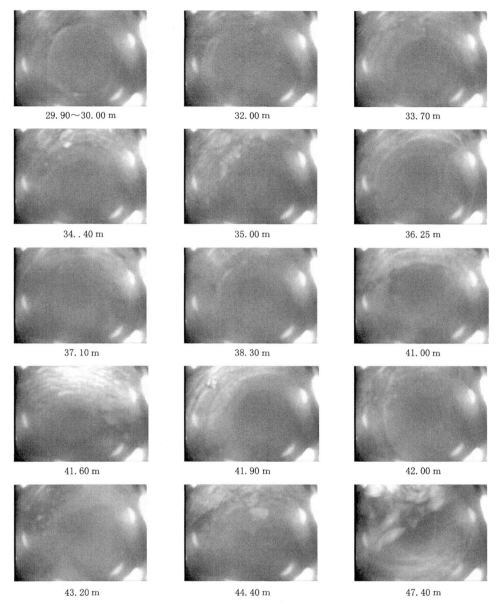

图 6-4 2[#]钻孔观测图

处有明显裂隙;在 6.10 m、7.35 m、8.00 m、10.00 m、11.10 m、11.90 m、12.55 m、12.65 m、13.30 m、13.60 m、14.55 m、15.85 m、16.45 m、17.00 m、17.10 m、17.60 m、18.30 m、21.75 m、22.40 m、22.80 m、23.00 m、26.00 m、26.20 m、27.30 m、28.40 m、35.10 m、35.35 m、36.70 m、38.10 m、39.00 m、39.20 m、39.60 m、41.20 m、42.00 m、42.40 m、43.00 m、45.45 m、46.20~47.50 m、47.6~48 m、48.35 m、50.10 m、45.45 m、49.15~49.60 m、50.10 m 有大的裂隙;在 9.85~12.30 m、12.65~17.45 m、17.85~18.20 m 处塌孔,有碎屑,实际窥视深度为 66.80 m。3[#]钻孔部分观测图如图 6-5 所示。

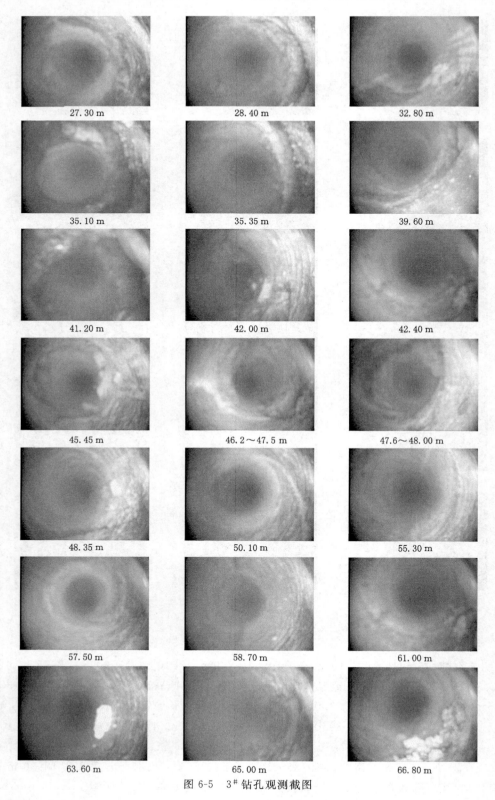

图 6-5　3# 钻孔观测截图

6.1.4 探测结果及分析

3个高位钻孔布置参数如表6-1所示,高位钻孔探测结果如图6-6所示。

表 6-1   观测钻孔参数表

钻孔	水平角 /(°)	仰角 /(°)	深入工作面距离/m	落底高度 /m	钻孔深度 /m	两巷平均高差/m	两巷平距 /m
1#	90	15	34.47	43.00	63	24.1	26.38
2#	90	20	39.46	51.81	70	24.1	26.38
3#	90	25	37.05	56.63	70	24.1	26.38

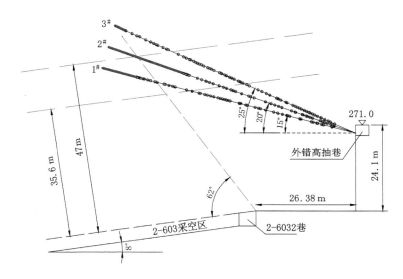

图 6-6　高位钻孔采动裂隙分布特征

1# 钻孔裂隙分布显示,在钻孔深 34 m 前,钻孔裂隙主要以零散分布为主;钻孔深 34～43 m、49～60 m 时裂隙分布较集中,其中 49～60 m 段部分深入工作面 20 m。

2# 钻孔裂隙分布显示,窥视段钻孔长度为 47.4 m,窥视段未进入工作面 20 m 区域,钻孔裂隙零散分布。

3# 钻孔裂隙分布显示,窥视段钻孔长度为 66.8 m,窥视段进入工作面 20 m 区域,钻孔裂隙主要集中分布在以下 4 段,分别为 6～19 m,20～29 m,33～38 m,41～50 m。在孔深为 47 m 左右时,钻孔大裂隙非常集中,在孔深大于 50 m 时,钻孔裂隙主要以细小裂隙分布为主。

由图6-6可知,受 2-603 工作面采动影响,在距煤层顶板 34.5～51.5 m 区域,覆岩采动裂隙发育,大裂隙主要分布在距煤层顶板 44 m 处,44 m 以上分布了较少细小裂隙。

6.2 不同终孔位置试验钻孔抽采效果分析

6.2.1 试验地点

根据现场施工条件,决定在原设计的 115# 钻孔附近开展不同终孔位置试验钻孔抽采试验。115# 抽采钻孔、外错高抽巷、2-6032 回风顺槽的空间位置关系如图 6-7 所示。

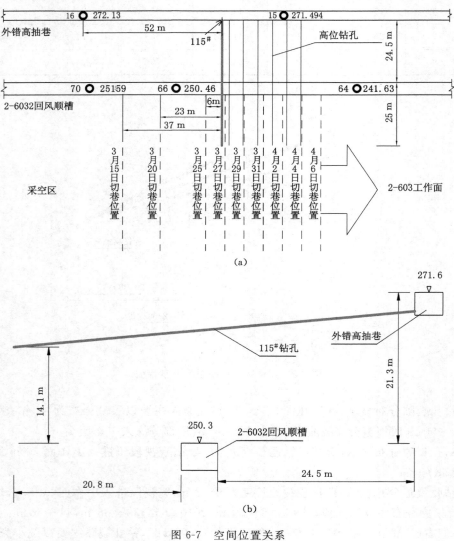

图 6-7 空间位置关系

(a) 平面图;(b) 剖面图

6.2.2 试验钻孔布置参数

综合以上分析结果,确定了试验钻孔布置参数如图 6-8 所示,具体布置参数如下[104-105]:

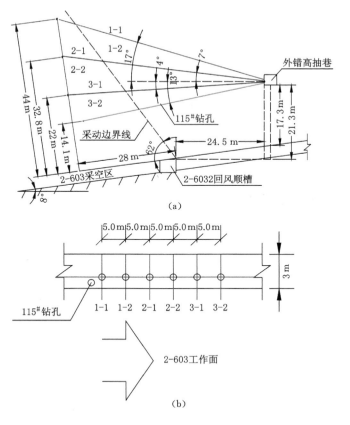

图 6-8　外错高抽巷高位钻孔布置图

(a)倾向剖面图;(b)外错高抽巷下帮钻孔布置平面图

注:1-1、1-2、2-1、2-2、3-1、3-2 为钻孔编号

钻孔倾角:1-1、1-2 钻孔倾角为 26°;2-1、2-2 钻孔倾角为 15°;3-1、3-2 钻孔倾角为 2°,如图 6-8(a)所示。

钻孔布置:6 个孔呈扇形布置,孔口间距以便于施工和钻孔维护为宜,定为 5.0 m,孔口距离高抽巷底板 1.0 m 处,共计 6 个钻孔,如图 6-8(b)所示。

钻孔深度:以预测垮落带、裂隙带高度为准,其钻孔斜长应不小于预测数值,故 1-1、1-2 钻孔斜长为 60 m;2-1、2-2 钻孔斜长为 55 m;3-1、3-2 钻孔斜长为 55 m。

钻孔直径:$\Phi \geqslant 42$ mm。

115# 钻孔到 3-2 钻孔之间对应的外错高抽巷与 2-6032 回风顺槽的垂直距离在 21.4~22.2 m 之间,如图 6-9 所示。

6.2.3　试验钻孔抽采效果及分析

(1) 115# 钻孔与 2-603 工作面推进关系

2014 年 3 月 15 日至 4 月 7 日,工作面切巷位置距离 115# 钻孔的关系如表 6-2 所示。

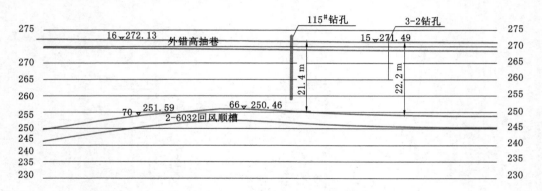

图 6-9 外错高抽巷与 2-6032 回风顺槽走向剖面

表 6-2 工作面位置距 115# 钻孔距离

日期	距 115# 钻孔水平距离/m	日期	距 115# 钻孔水平距离/m
3 月 15 日	−37.28	3 月 27 日	1.52
3 月 16 日	−34.48	3 月 28 日	5.12
3 月 17 日	−31.68	3 月 29 日	8.72
3 月 18 日	−28.88	3 月 30 日	12.32
3 月 19 日	−26.08	3 月 31 日	15.92
3 月 20 日	−23.28	4 月 1 日	19.52
3 月 21 日	−19.78	4 月 2 日	23.12
3 月 22 日	−16.28	4 月 3 日	26.72
3 月 23 日	−12.78	4 月 4 日	30.32
3 月 24 日	−9.28	4 月 5 日	33.92
3 月 25 日	−5.68	4 月 6 日	37.52
3 月 26 日	−2.08	4 月 7 日	41.12

（2）高位钻孔瓦斯抽采浓度监测结果

3 月 27 日,2-603 工作面推过 115# 钻孔时,开始监测 1-1、1-2、2-1、2-2、3-1、3-2 高位钻孔的瓦斯浓度,截止 4 月 16 日,1-1、1-2、2-1、2-2、3-1、3-2 高位钻孔瓦斯抽采浓度变化规律分别如图 6-10～图 6-15 所示。

由图 6-10～图 6-15 可知:

① 未受采动影响时,瓦斯主要来源于原生裂隙中储存的瓦斯,钻孔抽采瓦斯浓度小,持续时间较短。

② 沿工作面推进方向上,钻孔瓦斯浓度随着顶板周期性断裂也发生周期性波动。

③ 1-1、1-2 高位钻孔终孔位于裂隙带上部,受采动影响时,钻孔瓦斯浓度很快上升至 20%～60%;随着 2-603 工作面推进,钻孔瓦斯浓度一直保持在较高水平。如 1-1 钻孔,4 月 3 日～4 月 16 日,瓦斯浓度保持在 80%～90% 之间;4 月 17 日以后,瓦斯浓度保持在 50% ～60% 之间。1-2 钻孔,4 月 8 日～4 月 11 日,瓦斯浓度保持在 40%～70% 之间;4 月 11 日 ～4 月 22 日,瓦斯浓度保持在 80%～90% 之间;4 月 23 日后,瓦斯浓度才降到 50% 以下。

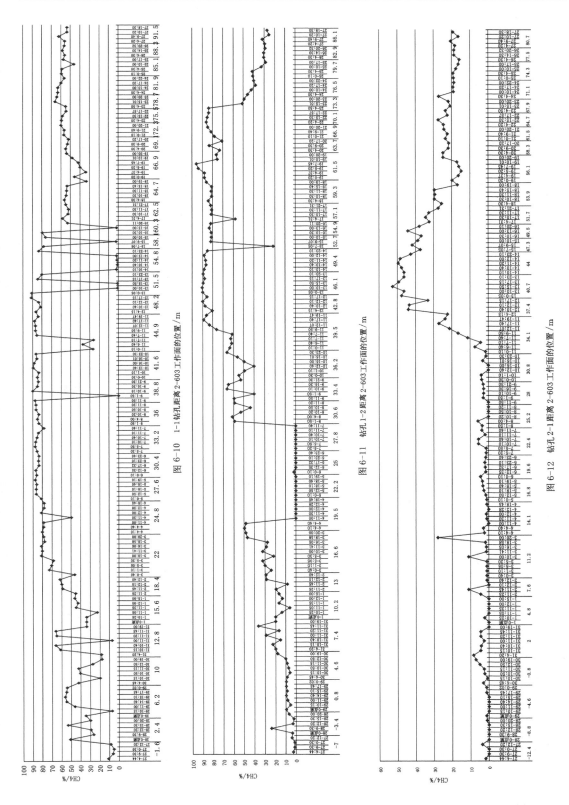

图 6-10　1-1 钻孔距离 2-603 工作面的位置/m

图 6-11　钻孔 1-2 距离 2-603 工作面的位置/m

图 6-12　钻孔 2-1 距离 2-603 工作面的位置/m

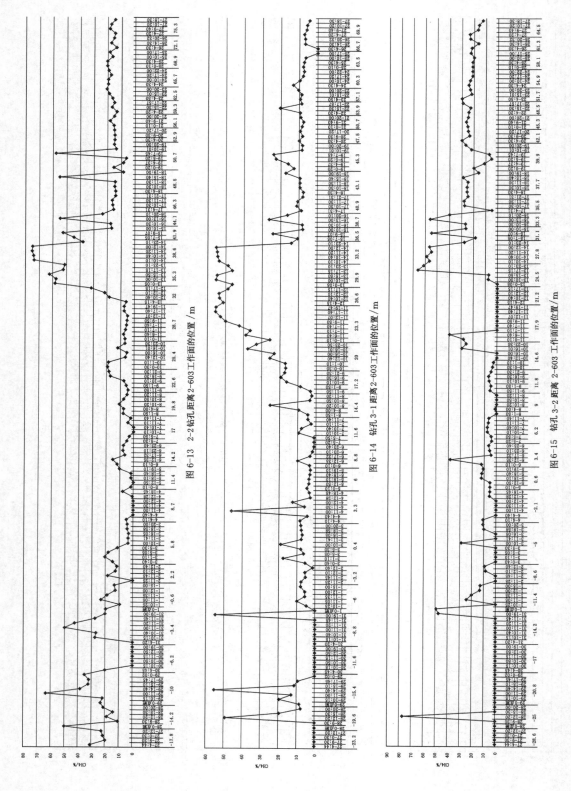

图 6-13 2-2钻孔距离 2-603工作面的位置/m

图 6-14 钻孔 3-1距离 2-603工作面的位置/m

图 6-15 钻孔 3-2距离 2-603工作面的位置/m

④ 2-1、2-2 高位钻孔终孔位于裂隙带中部,受采动影响时,3 月 31 日～4 月 11 日,钻孔瓦斯浓度保持在 5%～20% 之间,当工作面推过去 33 m 时,4 月 12 日后钻孔瓦斯浓度才逐渐上升到 50%～75%。

⑤ 3-1、3-2 高位钻孔终孔位于裂隙带下部,受采动影响时:4 月 4 日～4 月 8 日,3-1 钻孔瓦斯浓度保持在 5%～10% 之间,当工作面推过去 15.6 m 时,即 4 月 9 日后钻孔瓦斯浓度才逐渐上升到 50%～60%,4 月 15 日后,钻孔瓦斯浓度又降到 10%～30%。4 月 4 日～4 月 8 日,3-2 钻孔瓦斯浓度保持在 5%～10% 之间,当工作面推过去 22.8 m 时,即 4 月 13 日后钻孔瓦斯浓度才逐渐上升到 60%～70%,4 月 15 日后,钻孔瓦斯浓度又降到 20%～50%。

上述表明,当高位钻孔终孔位于裂隙带上部时,受采动影响时,钻孔抽采瓦斯浓度上升快,且瓦斯浓度保持在较高水平,持续抽采时间长。

6.2.4　高位钻孔终孔合理位置的确定

6 个高位钻孔抽采效果表明,1-1、1-2 钻孔布置参数合理,钻孔抽采瓦斯浓度上升快,且瓦斯浓度保持在较高水平,持续抽采时间长。因此,为了有效抽采 2-603 工作面采动卸压瓦斯,自 159# 钻孔后参照 1-1、1-2 钻孔参数进行布置。鉴于 2-603 工作面煤层与外错高抽巷的相对高差为 17～29 m,在施工过程中应实时变更高位钻孔参数,确保高位钻孔终孔位于煤层顶板 44 m 处的层位。

6.3　不同终孔位置试验钻孔探测分析

6.3.1　探测目的

为掌握试验钻孔的岩层结构及采动裂隙分布特征,采用钻孔窥视技术探测岩层结构及采场覆岩采动裂隙发育规律,如岩性、岩层裂隙发育特征及离层情况、钻孔深度及成孔质量等,为高位钻孔抽采效果分析提供必要的技术支持。

6.3.2　探测结果及分析

(1)探测时间

3 月 25 日至 4 月 7 日,对 6 个试验钻孔进行了探测,详细情况如表 6-3 所示。

表 6-3　探测钻孔情况

钻孔编号	窥视时间	水平角/仰角	距工作面距离/m	设计长度/m	窥视长度/m
1-1	3 月 25 日	90°/26°	9.00	55	35.27
2-2	3 月 25 日	90°/15°	25.70	51	35.40
1-2	3 月 26 日	90°/26°	10.79	55	17.90
2-1	3 月 26 日	90°/15°	16.19	51	18.25
1-2	3 月 27 日	90°/26°	7.00	55	50.00
2-1	3 月 27 日	90°/15°	12.40	51	36.90

钻孔编号	窥视时间	水平角/仰角	距工作面距离/m	设计长度/m	窥视长度/m
3-1	3 月 27 日	90°/2°	23.20	51	5.60
3-1	3 月 28 日	90°/2°	19.40	51	5.85
3-2	3 月 28 日	90°/2°	24.80	51	12.15
3-1	4 月 4 日	90°/2°	−1.75	51	5.75
3-2	4 月 4 日	90°/2°	1.97	51	12.45
1-1	4 月 7 日	90°/26°	−32.43	55	27.45
1-2	4 月 7 日	90°/26°	−27.00	55	24.85
2-2	4 月 7 日	90°/15°	−16.20	51	25.00

（2）探测结果及分析

① 1-1 钻孔探测结果如图 6-16 所示。

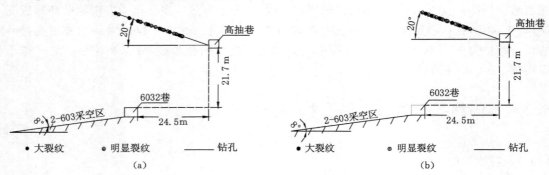

图 6-16　1-1 钻孔采动裂隙分布特征

(a) 3 月 25 日；(b) 4 月 7 日

② 1-2 钻孔探测结果如图 6-17 所示。

③ 2-1 钻孔探测结果如图 6-18 所示。

④ 2-2 钻孔探测结果如图 6-19 所示。

⑤ 3-2 钻孔探测结果如图 6-20 所示。

（3）探测结论

由图 6-16～图 6-20 可知：

① 由钻孔（L-16b、L-17b、L-60、L-70）柱状可知,在距 2 煤顶板 15～25 m 之间,约有 10 m 厚左右的泥岩,主要以黏土泥岩、铝质泥岩为主,黏土泥岩、铝质泥岩遇水易膨胀。

② 当抽采钻孔倾角较小时（如 3-1、3-2 钻孔）,钻孔正好穿过泥岩层,打钻过程中钻孔易存水,受采动影响前,钻孔都存有水,在水的浸泡下发生水化作用下,泥岩发生膨胀,导致钻孔易发生塌孔,成孔率较低。3-1、3-2 钻孔以及原设计抽采钻孔窥视结果证明了这一点。

③ 当抽采钻孔倾角较大时（如 1-1、1-2、2-1、2-2 钻孔）,一方面钻孔没有穿过泥岩层,而是位于泥岩层的上方,同时打钻过程中钻孔不易存水,避免了水的长期浸泡；另一方面,钻孔穿过的岩层的岩性较好,不易塌孔,所以钻孔的成孔质量高。1-1、1-2、2-1、2-2 钻孔窥视结

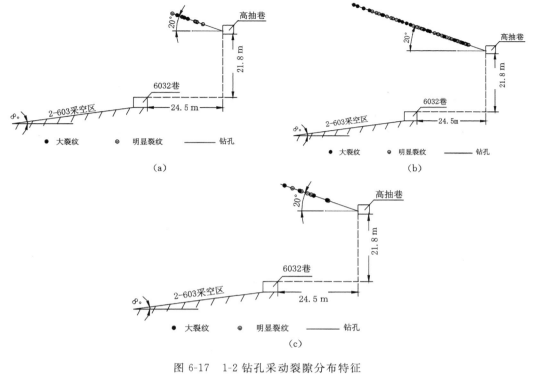

图 6-17 1-2 钻孔采动裂隙分布特征

(a) 3 月 26 日；(b) 3 月 27 日；(c) 4 月 7 日

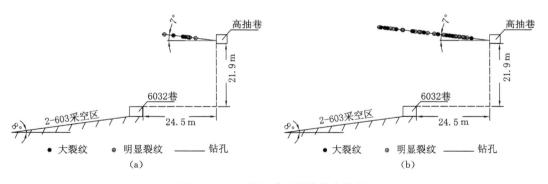

图 6-18 2-1 钻孔采动裂隙分布特征

(a) 3 月 26 日；(b) 3 月 27 日

果也证明了这一点。

④ 当抽采钻孔倾角较小时（如 3-1、3-2 钻孔），钻孔终孔位置距离煤层 12～15 m 的位置，由第 3 章计算结果可知，正好位于冒落带顶部。一旦受采动影响时，钻孔易发生错位断开，同时也易发生塌孔，钻孔发挥抽采作用时间短。

⑤ 当抽采钻孔倾角较大时（如 1-1、1-2 钻孔），钻孔终孔位置距离煤层 44 m 的位置，由第 3 章计算结果可知，正好位于裂隙带顶部。受采动影响时，钻孔易发生整体变形下沉，钻孔连续性较好，同时也不易发生塌孔，钻孔发挥抽采作用时间长。

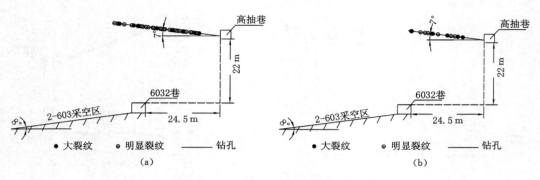

图 6-19 2-2 钻孔采动裂隙分布特征

(a) 3 月 25 日;(b) 4 月 7 日

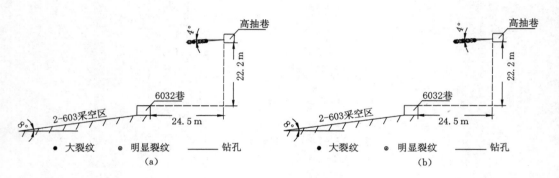

图 6-20 2-2 钻孔采动裂隙分布特征

(a) 3 月 28 日;(b) 4 月 4 日

6.4 本章小结

(1) 覆岩采动裂隙实测结果表明,受工作面采动影响,在距煤层顶板 34.5～51.5 m 区域,覆岩采动裂隙发育,大裂隙主要分布在距煤层顶板 44 m 处,44 m 上方分布较少裂隙。

(2) 当高位钻孔倾角较小时,钻孔正好穿过泥岩层,钻孔施工过程易存水,受采动影响前,钻孔存有水,在水化作用下,泥岩层发生膨胀,钻孔易塌孔,成孔率较低。当高位钻孔倾角较大时,一方面钻孔没有穿过泥岩层,而是位于泥岩层上方,同时打钻过程中不易存水,避免了水化作用;另一方面,钻孔穿过岩层岩性较好,不易塌孔,成孔质量高。

(3) 未受采动影响时,钻孔抽采的瓦斯主要来源于原生裂隙中,抽采浓度较低,持续抽采时间短;受采动影响时,顶板自下而上发生离层冒落,超前支承压力前移,工作面前方煤体卸压,大量瓦斯从煤体中解析出来,通过裂隙上升到裂隙带中,抽采浓度高,持续抽采时间长。

(4) 钻孔瓦斯抽采浓度受终孔位置影响大,当钻孔终孔位于覆岩采动裂隙顶部时,钻孔瓦斯浓度升高较快,并随着工作面推进,钻孔瓦斯浓度一直保持在较高水平,持续抽采时间长;当钻孔终孔位于覆岩采动裂隙底部时,钻孔瓦斯浓度升高较慢,并随着工作面的推进,钻孔瓦斯浓度上升较慢,且持续抽采时间短。

7 外错高抽巷高位钻孔测斜与纠偏分析

为确保外错高抽巷高位钻孔卸压瓦斯抽采效果,须将高位钻孔终孔布置在裂隙带内,但在钻孔施工过程中,受岩性变化、钻机及施工工艺等因素影响[12,106-107],钻孔实际轨迹往往偏离设计轨迹,导致钻孔终孔位置达不到设计要求,易造成瓦斯抽采盲区,影响了卸压瓦斯抽采效果。本章基于测斜原理,开展高位钻孔测斜分析,基于钻孔测斜结果,提出角度补偿纠偏方法及纠偏效果评价指标,确定合理的钻孔纠偏技术方案。

7.1 测斜与纠偏的目的

高位钻孔在施工过程中,受岩性、钻机及施工工艺等因素影响,钻孔钻进轨迹往往偏离设计轨迹,导致钻孔轨迹无法测量、钻孔位置不确定等情况,易造成瓦斯抽采盲区。钻孔施工往往依赖现场工人的技术与经验,对钻孔轨迹缺乏一种科学、有效的评价方法。因此,有必要对外错高抽巷高位钻孔进行测斜分析,并采取一定的钻孔纠偏技术确保钻孔偏斜在允许的偏差内,对提高钻孔布置的合理性、提高卸压瓦斯抽采效果、降低钻孔成本、减小瓦斯抽采盲区、保障矿井安全生产具有巨大的社会效益与经济效益。

7.2 钻孔测斜仪

7.2.1 测斜仪的组成

YHX7.2矿用回转钻机测斜仪的测量系统是由测量探管、主机和上位机软件三部分组成。测量探管的外保护筒由铍青铜合金管材加工而成,合缝处采用能防水、防尘的橡胶密封圈密封。主机由不锈钢材加工而成,合缝处采用能防水、防尘的橡胶密封条密封。钻孔测斜仪如图7-1所示。

将随钻测量探管安装在无磁钻铤内,在钻进过程中,随钻测量探管采集钻孔倾角、方位角、工具面向角等数据,存储在flash芯片中,与此同时,主机接收操作工人的按键操作,进行有效测点数据采集并存储。经过上位机软件对探管和主机数据的分析处理,绘制钻孔的空间轨迹曲线。

随钻测量探管是由CPU、传感器、信号处理电路、电源电路等组成。随钻测量探管采集钻孔倾角、方位角、工具面向角等数据。

主机是由CPU、存储芯片、通信电路、保护电路、电源电路等组成。主机负责接收操作工人的操作,并记录;保护电路对供电系统进行保护,当测量探管出现故障时,保护电路切断测量探管的电源。

图 7-1 钻孔测斜仪

上位机软件负责读取主机和探管内部存储数据,并对数据进行自动筛选和合成以及轨迹显示。

7.2.2 测斜原理

钻孔轨迹是空间中一条连续曲线,在测量轨迹时,钻孔轴心线上任一点的空间坐标均由孔深 L、钻孔倾斜角 D 和地磁方位角 A 等 3 个参数唯一确定[108]。

钻孔倾斜角和地磁方位角的测量是在两个坐标系基础上建立的[109],如图 7-2 所示。$OX_bY_bZ_b$ 是仪器机体坐标系,受探管姿态变化而变化。纵轴 OZ_b 为探管轴向,指向探管顶端;OX_b 轴和 OY_b 轴在探管径向平面内相互正交。$O_iX_iY_iZ_i$ 是地理坐标系,O_iX_i 轴指向地磁北,O_iY_i 轴指向地磁西,O_iZ_i 轴为地垂线。$O_iX_iY_iZ_i$ 是钻孔轴线走向坐标系。以上两坐标系均遵守右手规则[110-111]。

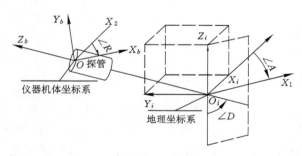

图 7-2 仪器机体坐标系和地理坐标系

探管倾斜角(图 7-2 中 $\angle D$)是仪器机体坐标系 OZ_b 轴与地理坐标系 O_iZ_i 轴的夹角,地磁方位角(图 7-2 中 $\angle A$)是探管 OZ_b 轴和 O_iZ_i 轴所在平面 $O_iZ_bZ_i$ 与地理坐标系 O_iX_i 轴和 O_iZ_i 轴所在平面 $O_iX_iZ_i$ 的夹角,顺时针方向由北向东为正。

重力加速度 g 向量在地理坐标系 O_iZ_i 轴上,而地磁场 h 向量则在 $O_iX_iZ_i$ 平面内。h 在 O_iX_i 轴上的水平分量和 O_iZ_i 轴上的垂直分量分别为 $-h_N$、h_N。探管在 OX_b 轴和 OY_b 轴上的两个加速度计 G_x 和 G_y 分别检测到 g 在 OX_b 和 OY_b 上的分量,分别为 g_x 和 g_y,在 OZ_b 上的分量为 g_z。

仪器坐标系 $OX_bY_bZ_b$ 是由地理坐标系 $O_iX_iY_iZ_i$ 经三次坐标旋转后达到的[110-111]。旋转过程中,方位角为第 1 次旋转角,倾斜角为第 2 次旋转角,工具面向角为第 3 次旋转角。与三次坐标旋转相联系的三个旋转矩阵为:

$$\boldsymbol{C}_1 = \begin{bmatrix} \cos\gamma & -\sin\gamma & 0 \\ \sin\gamma & \cos\gamma & 0 \\ 0 & 0 & 1 \end{bmatrix}, \quad \boldsymbol{C}_2 = \begin{bmatrix} \cos d & 0 & \sin d \\ 0 & 1 & 0 \\ -\sin d & 0 & \cos d \end{bmatrix}, \quad \boldsymbol{C}_3 = \begin{bmatrix} \cos a & -\sin a & 0 \\ \sin a & \cos a & 0 \\ 0 & 0 & 1 \end{bmatrix}$$

$$(7-1)$$

由 $\boldsymbol{C}_1$、$\boldsymbol{C}_2$、$\boldsymbol{C}_3$ 得到转换矩阵:

$$\boldsymbol{C} = \boldsymbol{C}_3 \boldsymbol{C}_2 \boldsymbol{C}_1$$

$$= \begin{bmatrix} \cos\gamma\cos a\cos d - \sin\gamma\sin a & \sin\gamma\cos a\cos d + \cos\gamma\sin a & -\cos a\sin d \\ -\cos\gamma\sin a\cos a - \sin\gamma\cos a & -\sin\gamma\sin a\cos a + \cos\gamma\cos a & \sin a\sin d \\ \cos\gamma\sin d & \sin\gamma\sin a & \cos d \end{bmatrix}$$

$$(7-2)$$

又由

$$\begin{bmatrix} g_x \\ g_y \\ g_z \end{bmatrix} = \boldsymbol{C} \cdot \begin{bmatrix} 0 \\ 0 \\ g \end{bmatrix} \tag{7-3}$$

可得:

$$\begin{cases} g_x = g\cos\gamma\sin d \\ g_y = g\sin\gamma\sin d \\ g_z = g\cos d \end{cases} \tag{7-4}$$

式中,$g = \sqrt{g_x^2 + g_y^2 + g_z^2}$。

可分别推导出钻孔倾斜角 $\angle D$ 和工具面向角 $\angle R$ 的计算公式:

$$\angle D = \arctan\frac{\sqrt{g_x{}^2 + g_y^2}}{g_x} \tag{7-5}$$

$$\angle R = \arctan\left(\frac{g_y}{g_z}\right) \tag{7-6}$$

测斜仪在仪器坐标系三个轴 OX_b、OY_b 和 OZ_b 上的三个磁通门 H_x、H_y 和 H_z,能够分别检测地磁场向量在 OX_b、OY_b 和 OZ_b 轴上的地磁场分量 h_x、h_y 和 h_z。由下面矩阵方程确定:

$$\begin{bmatrix} h_x \\ h_y \\ h_z \end{bmatrix} = \boldsymbol{C} \cdot \begin{bmatrix} -h_N \\ 0 \\ h_N \end{bmatrix} \tag{7-7}$$

得出:

$$\begin{cases} h_x = (\cos a\cos d\cos\gamma - \sin a\sin\gamma) + h_N\cos\gamma\sin d \\ h_y = (\cos a\cos d\sin\gamma + \sin a\cos\gamma) + h_N\sin\gamma\sin d \\ h_z = h_N\cos a\sin d + h_N\cos d \end{cases} \tag{7-8}$$

经推导,可得出地磁方位角 $\angle A$ 的计算公式:

$$\angle A = \arctan\frac{g(h_x g_y - h_y g_x)}{h_z(g_x^2 + g_y^2) - g_z(h_x g_x + h_y g_y)} \tag{7-9}$$

式中,$g_z = \sqrt{g^2 - g_x^2 - g_y^2}$。

7.3 角度补偿纠偏方法及效果评价

7.3.1 角度补偿纠偏方法的提出

角度补偿纠偏是在一定的地质条件、施工技术及工艺、钻机操作方法等条件限制的情况下，先采用钻孔测斜仪测出钻孔偏斜角度，然后在施工过程中对钻孔设计角度进行相反方向的角度补偿，纠偏后钻孔实际轨迹与钻孔设计轨迹的偏斜在可接受范围内的一种钻孔纠偏方法[112]。

角度补偿纠偏原理如图 7-3 所示。OA 为钻孔原设计轨迹，OB 为钻孔实际轨迹；钻孔偏斜距离为 D_1，偏斜角度为 a；纠偏后钻孔设计轨迹为 OC。在钻孔倾角变化较小时，钻孔偏斜也较小，可通过镜像原理实现角度补偿。在钻机、地质条件、钻孔施工技术及工艺水平等因素不变的前提下，纠偏后钻孔仍然向上偏斜 D_1，纠偏后钻孔设计终孔与钻孔原设计终孔距离为 D_2。D_1 与 D_2 关系为：

$$D_2 = D_1 \times \cos a \tag{7-10}$$

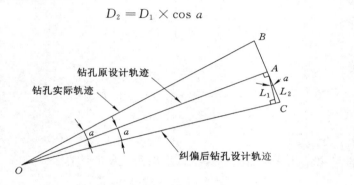

图 7-3　角度补偿纠偏原理

当钻孔偏斜角度 $a < 10°$ 时，因为 $\cos a \geqslant 0.984\,8$，钻孔纠偏精度至少可达到 0.984 8，所以 D_1 与 D_2 偏差小，钻孔纠偏精度高。当钻孔偏斜角度 $10° < a < 25°$ 时，因为 $0.906\,4 \leqslant \cos a \leqslant 0.984\,8$，所以 D_1 与 D_2 偏差较大，但在对钻孔纠偏精度要求不高时也可满足施工要求。因此，钻孔偏斜角度越小，钻孔实际轨迹越接近钻孔设计轨迹。

7.3.2 纠偏效果评价

把钻孔轨迹简化为直线，l_1、l_2、l_3 分别为原设计钻孔、纠偏设计钻孔、纠偏后实际钻孔，如图 7-4 所示。f 为 l_1 的终孔与 l_3 的终孔两点的水平投影，Δh 为 l_1 的终孔与 l_3 的终孔两点在倾向投影的高度差，l_1 的终孔至 l_3 的终孔距离可认为 f 与 Δh 的矢量和。

由空间几何及余弦定理可得：

$$f = \sqrt{l_1{}^2 \cos^2 \beta_1 + l_2{}^2 \cos^2 \beta_2 + m^2 - 2 \cdot \cos\left(\alpha_2 - \arctan \frac{m}{l_2 \cos \beta_2}\right) \cdot l_1 \cos \beta_1 \cdot \sqrt{l_2{}^2 \cos^2 \beta_2 + m^2}}$$

$$\tag{7-11}$$

$$\Delta h = h_1 - h_3 = l_1 \sin \beta_1 - \sqrt{n^2 + l_2^2 - (l_2 \cos \beta_2 \sin \alpha_2)^2} \cdot$$

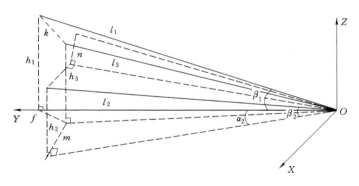

图 7-4 钻孔轨迹及投影

$$\sin\left\{\arcsin\left[\frac{l_2\sin\beta_2}{\sqrt{l_2^2-(l_2\cos\beta_2\sin\alpha_2)^2}}\right]+\arctan\left[\frac{n}{\sqrt{l_2^2-(l_2\cos\beta_2\sin\alpha_2)^2}}\right]\right\} \quad (7\text{-}12)$$

$$k=\sqrt{f^2+(\Delta h)^2} \quad (7\text{-}13)$$

式中 l_1——原设计钻孔孔深,m;

l_2——纠偏设计钻孔孔深,m;

l_3——纠偏后实际钻孔孔深,m;

α_2——纠偏设计钻孔水平投影角,(°);

β_1——原设计钻孔倾角,(°);

β_2——纠偏设计钻孔倾角,(°);

m——纠偏设计钻孔水平偏斜距离,m;

n——纠偏设计钻孔上下偏斜距离,m;

k——l_1 的终孔位置至 l_3 的终孔位置的距离,m。

当 k 值越小时,说明纠偏后钻孔实际轨迹距钻孔设计轨迹越近,表明钻孔纠偏效果越好。因此,k 可作为钻孔纠偏效果评价指标。

7.4 原设计钻孔测斜分析

7.4.1 设计钻孔参数

在 2-603 高抽巷内选择原设计的 151#、152# 抽采钻孔进行测斜,钻孔布置方式如图 7-5所示,钻孔设计参数如表 7-1 所示。

表 7-1 抽采钻孔参数

钻孔编号	水平角 /(°)	倾角 /(°)	深入工作面距离/m	落底高度 /m	钻孔深度 /m	两巷平均高差/m	两巷平距 /m
151	90	+22	25	44	53	21	24.5
152	90	+22	25	44	53	21	24.5

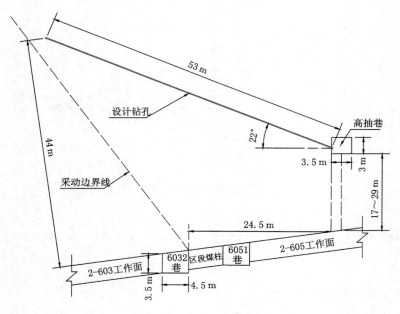

图 7-5 抽采钻孔布置图

7.4.2 测斜结果及分析

7.4.2.1 钻孔测斜结果

（1）151# 钻孔测斜

151# 钻孔测斜过程中共记录 486 组数据，采集点数据共计 23 组，如表 7-2 所示。钻孔轨迹如图 7-6 所示。

表 7-2 151# 钻孔采集点数据统计表

序号	孔深 /m	方位角 /(°)	倾角 /(°)	地磁倾角 /(°)	总加速度	总磁场	温度 /℃	左右偏差 /m	上下偏差 /m
0	3.8	126.7	21.91	54.2	1.003 6	1.026 4	22.8	−0.107	0.002
1	5.8	125.8	21.96	53.7	0.998 6	1.020 1	22.8	−0.214	0.030
2	7.8	125.2	22.21	54.4	1.002 0	1.030 2	23.0	−0.302	0.062
3	9.9	124.6	22.66	54.6	0.998 9	1.025 9	23.0	−0.390	0.121
4	11.9	124.4	22.94	55.5	1.002 4	1.033 1	23.0	−0.502	0.145
5	13.9	124.1	23.17	55.1	1.002 8	1.020 4	23.1	−0.620	0.249
6	15.9	123.2	23.51	55.0	0.999 2	1.029 6	23.2	−0.748	0.298
7	17.9	122.9	23.88	55.6	1.001 9	1.037 7	23.2	−0.892	0.359
8	19.9	122.6	24.12	55.3	1.001 4	1.038 2	23.3	−1.052	0.433
9	21.9	122.3	24.46	55.2	1.000 6	1.036 2	23.3	−1.213	0.510
10	23.9	122.6	24.73	55.6	1.005 3	1.026 3	23.4	−1.374	0.617
11	25.9	121.8	24.95	55.7	1.001 8	1.040 3	23.4	−1.559	0.763
12	27.9	121.4	25.14	56.1	1.007 8	1.032 5	23.5	−1.739	0.847

序号	孔深/m	方位角/(°)	倾角/(°)	地磁倾角/(°)	总加速度	总磁场	温度/℃	左右偏差/m	上下偏差/m
13	29.9	120.7	25.36	55.1	0.995 6	1.029 8	23.5	−1.910	0.973
14	31.9	121.2	25.68	56.1	1.004 9	1.038 2	23.5	−2.095	1.140
15	33.8	121.3	25.86	55.7	1.005 6	1.027 8	23.6	−2.290	1.243
16	35.8	120.6	26.2	55.1	0.997 8	1.029 2	23.5	−2.481	1.388
17	37.8	119.9	26.63	55.8	1.001 7	1.041 3	23.6	−2.659	1.469
18	39.8	119.2	26.29	56.2	1.005 7	1.036 7	23.5	−2.845	1.582
19	41.8	120.1	26.96	56.1	1.007 3	1.033 3	23.6	−3.047	1.729
20	43.8	120.3	27.28	56.1	1.007 2	1.032 6	23.6	−3.241	1.908
21	45.8	119.4	27.75	56.1	1.007 1	1.034 1	23.7	−3.441	2.009
22	47.8	119.1	27.94	56.2	1.007 2	1.034 2	23.8	−3.656	2.236

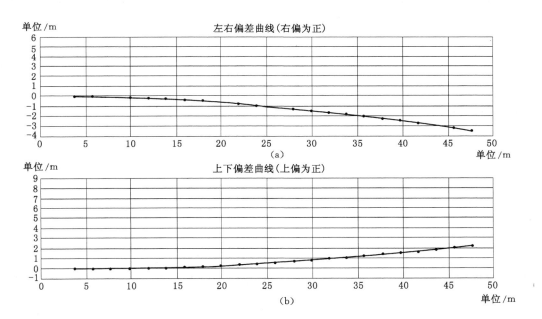

图 7-6 151# 钻孔轨迹

(a) 钻孔轨迹左右偏差曲线;(b) 钻孔轨迹上下偏差曲线

由表 7-2 和图 7-6 可知,151# 抽采钻孔终孔位置向左偏 3.656 m,向上偏 2.236 m。

(2)152# 钻孔测斜

152# 钻孔测斜过程中共记录 501 组数据,采集点数据共计 24 组,如表 7-3 所示。钻孔轨迹如图 7-7 所示。

表 7-3   152# 钻孔采集点数据统计表

序号	孔深/m	方位角/(°)	倾角/(°)	地磁倾角/(°)	总加速度	总磁场	温度/℃	左右偏差/m	上下偏差/m
0	1.5	122.8	22.02	55.1	1.001 2	0.817 4	23.9	0.003	0.003
1	3.5	122.8	22.26	55.1	1.005 5	0.950 1	23.7	0.025	0.014
2	5.5	122.7	22.61	55.1	1.001 2	0.994 6	23.1	−0.024	0.040
3	7.5	122.6	22.84	55.1	1.004 0	1.010 5	22.8	−0.316	0.081
4	9.5	122.0	22.96	55.1	1.001 7	1.025 1	22.7	−0.573	0.130
5	11.5	121.7	23.17	55.0	1.005 0	1.020 4	22.5	−0.654	0.183
6	13.5	121.5	23.41	55.1	1.001 1	1.013 2	22.4	−0.845	0.244
7	15.5	121.9	23.68	55.2	1.003 2	1.021 0	22.4	−0.94	0.314
8	17.5	121.8	23.92	55.5	1.005 6	1.026 8	22.3	−1.118	0.392
9	19.5	121.6	24.16	56.0	1.005 3	1.033 1	22.2	−1.334	0.475
10	21.5	121.8	24.33	56.0	1.001 4	1.030 5	22.3	−1.628	0.561
11	23.5	121.3	24.65	56.1	1.003 5	1.036 9	22.2	−1.721	0.652
12	25.5	121.9	24.94	56.0	1.003 8	1.036 7	22.2	−1.815	0.744
13	27.5	121.7	25.16	56.0	1.005 9	1.036 7	22.2	−1.919	0.840
14	29.5	120.7	25.38	55.4	1.002 2	1.023 1	22.2	−2.227	0.940
15	31.5	120.8	25.56	55.4	1.001 9	1.033 9	22.2	−2.435	1.042
16	33.5	120.5	25.89	55.4	1.002 0	1.034 0	22.2	−2.751	1.152
17	35.5	120.3	26.23	55.8	1.004 7	1.026 6	22.2	−2.971	1.274
18	37.5	120.6	26.59	55.3	1.001 2	1.023 6	22.2	−3.191	1.400
19	39.5	120.4	26.96	55.8	1.000 1	1.022 7	22.2	−3.401	1.528
20	41.5	120.6	27.16	55.3	1.005 6	1.031 2	22.2	−3.706	1.662
21	43.5	120.2	27.35	55.3	1.002 5	1.038 2	22.4	−3.809	1.808
22	45.5	120.4	27.56	55.3	1.0013	1.0345	22.5	−3.913	1.967
23	47.5	119.9	27.85	55.4	1.002 2	1.035 6	22.5	−4.021	2.133

由表 7-3 和图 7-7 可知，152# 抽采钻孔终孔位置向左偏 4.021 m，向上偏 0.615 m。

7.4.2.2　钻孔实际轨迹

钻孔的实际轨迹如图 7-8 所示。

7.4.2.3　钻孔偏离原因分析

在钻探施工过程中，由于各种原因，施工钻孔的方位角和倾角往往会与设计钻孔有出入，产生一般弯曲变化（即偏离）。假如钻孔产生的弯曲变化很小，其影响是不大的。如果有严重的发展，就会影响钻探质量，给孔内事故发生率、钻进效率等各方面带来不利的影响。产生钻孔偏离的原因很多，总起来可分为地质因素、施工技术条件和钻机操作方法等三个方面的因素。

（1）地质因素

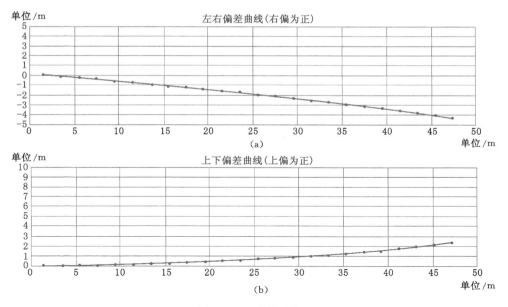

图 7-7　152# 钻孔轨迹

（a）钻孔轨迹左右偏差曲线；（b）钻孔轨迹上下偏差曲线

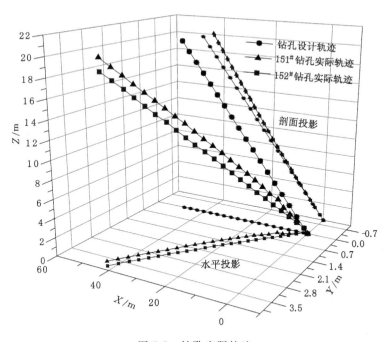

图 7-8　钻孔实际轨迹

地质因素是指促使钻孔弯曲的地质条件，如岩层的产状、物理机械性质以及由于构造运动所产生的劈理、片理、层理等。

① 在厚度大、破碎较严重的地层中钻进时，层段孔径一般都较大，因此粗径钻具的推进

方向不易控制。另外,由于破碎岩石往往是软、硬岩互层,当钻头由软层进入硬岩层时,因孔底软、硬岩石抵抗破碎能力不同,产生不均匀破碎(软岩石破碎快、硬岩石破碎慢),促使钻孔弯曲。

② 在有一定倾角的软硬交替的岩层中钻进或在煤层、矿层中钻进时,由于钻头同时接触不同可钻性的岩石,会因钻进速度不同或产生溜滑现象而改变钻头的钻进方向。

③ 钻进流沙层时,流沙层越厚,越容易改变钻进的方向。因为流沙有活动性,钻出的孔径也较大,对粗径钻具的控制力强。

④ 钻进较厚的煤层时,会产生同钻进流沙层相似的情况。

⑤ 钻进砾岩层时,会因其胶结物与砾石可钻性不同以及砾石表面圆滑而使钻头产生偏滑作用,改变钻头前进的方向。此外,在砾石层钻进中,由于钻头所受阻力不均衡和砾石具有较大的活动性而容易导致钻孔偏斜。

⑥ 如果钻进遇到岩溶溶洞、老空区或岩层大裂隙等条件,也会产生钻孔偏斜。

（2）施工技术条件

① 在开孔或浅孔钻进中,立轴与钻孔设计方向不在同一中心线上,直接会导致钻孔偏斜。

② 在开孔或浅孔钻进中,使用过长的立轴钻杆,转速选用不当,易使立轴产生较大的震动,增加钻头在孔底钻进时的不稳定性。

③ 使用弯曲的钻具,如弯曲的岩芯管、钻杆或钻具连接不正。

④ 钻进由大孔径转换为小孔径,或由钻粒钻进改为硬质合金钻进时,都容易在孔径由大变小的同时改变钻进方向。这个方向的改变,主要发生在换径后的前1～2次钻程中,尤其是在第1次钻程刚开始时,最容易使钻孔偏离原方向。

⑤ 扩孔时也容易产生钻孔偏斜。因为孔壁各部位岩石硬度不同,孔径大小也不一致,扩孔钻头很难在保持中心线与原孔径一致的状态下扩孔钻进。

⑥ 使用过短的岩芯管也会导致钻孔偏斜。因为短岩芯管比长岩芯管在相同孔径内产生的自然偏斜大。

⑦ 井口管不正,会直接引起开孔钻进时的钻孔偏斜。

⑧ 在大孔径钻进中,受压钻杆会产生过大的弯曲挠度,因此,钻头在孔底钻进很不稳定,易造成钻孔偏斜。

⑨ 钻粒钻头腭面与钻头轴心线不相互垂直,或硬质合金钻头底出刃高度不同,也会直接引起钻进方向的改变。

（3）钻机操作方法

① 钻进时钻压过大,使钻杆产生多段严重弯曲,尤其是在岩层条件很不好的情况下,对产生钻孔偏斜的影响更大。

② 使用磨损过钝的硬质合金钻头钻进,会因硬质合金粒向岩石内切入不稳定而改变钻头的钻进方向。

③ 在松散易坍的岩层中钻进,使用排量过大的冲洗渣,特别是使用黏度很小的泥浆或用清水作冲洗液时,会较严重地破坏孔壁,造成某一局部的孔径扩大,以致不易控制钻杆的过大弯曲,从而导致岩芯管偏斜。

④ 用钻粒钻进时,向孔内过多地投入钻粒,致使孔径扩大,也是造成钻孔偏斜的一个不

可忽视的因素。因为,钻粒钻头在孔底不稳定,由于它是在形状不规则的钻粒上,与岩石发生间接接触,因而活动性很大,这时如果孔径过大,无疑其钻进方向很易改变。

⑤ 钻孔已经产生一定的偏斜后,再使用钻粒钻进时,钻孔更会加剧偏斜。因为钻孔偏斜后,井底平面与水平面有一定夹角。这样,钻粒在孔底上的分布绝不会均匀,大部分会集中到最低的一边,因此,会使钻孔产生更大的偏斜。

7.5　钻孔纠偏及分析

7.5.1　纠偏方案

试验地点钻孔偏离情况如表7-4、图7-9所示。

表 7-4　　　　　　　　　　　　　试验地点钻孔偏离情况

钻孔编号	水平角/(°)	倾角/(°)	倾向/m		走向/m	
			上偏	下偏	左偏	右偏
151	90	+22	2.236		3.656	
152	90	+22	2.131		4.021	

由表7-4、图7-9可知,水平方向,151#、152#钻孔都发生了左偏,左偏量分别为3.656 m、4.021 m,左偏角分别为5°、6°;垂直方向上,151#、152#钻孔终孔位置比设计位置分别上偏了2.236 m,2.133 m,151#、152#钻孔分别上偏了5°、4°。

7.5.1.2　钻孔纠偏方案

根据2-603工作面外错高抽巷尺寸及受采动影响巷道变形情况,不利于大型钻机开展作业,同时暂时不考虑新购钻机,采用角度补偿方法进行钻孔纠偏。

（1）倾向纠偏方案

方案一:根据151#、152#钻孔测斜结果,倾向纠偏角度暂时定为2°,即在设计角度的基础上减少2°,如钻孔设计角度为22°,打钻时角度设为20°。

方案二:根据151#、152#钻孔测斜结果,倾向纠偏角度暂时定为4°,即在设计角度的基础上减少4°,如钻孔设计角度为22°,打钻时角度设为18°。

（2）走向纠偏方案

方案一:根据151#、152#钻孔测斜结果,纠偏角度暂时定为右偏3°,打钻时,钻机向钻孔偏离方向的反方向偏离3°。

方案二:根据151#、152#钻孔测斜结果,纠偏角度暂时定为右偏5°,打钻时,钻机向钻孔偏离方向的反方向偏离5°。

（3）钻孔施工过程中受地质条件、施工技术及工艺、钻机操作方法等因素影响大,钻孔施工完毕后,及时进行测斜工作,并调整纠偏角度。

（4）为了节省资金、时间及钻孔施工工程量,采取两个方案进行钻孔纠偏,具体纠偏钻孔参数如表7-5所示。

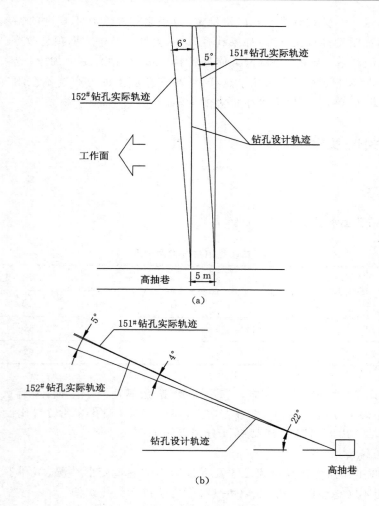

图 7-9　试验地点钻孔偏离平、剖面图

（a）平面图；（b）剖面图

表 7-5　　　　　　　　　　　　　　钻孔纠偏方案

纠偏方案	水平角/(°)	倾角/(°)	钻孔深度/m
方案一	87	+20	53
方案二	85	+18	53

7.5.2　纠偏后钻孔测斜

7.5.2.1　纠偏测试结果

在 2-603 高抽巷内选择补 19#、20# 两个抽采钻孔进行测斜，钻孔实际施工参数如表 7-6 所示。

表 7-6　　　　　　　　　　　　　　　**抽采钻孔参数**

钻孔编号	水平角/(°)	倾角/(°)	钻孔深度/m	两巷平均高差/m	两巷平距/m
补 21#	87	+20	53	21	24.5
补 22#	85	+18	53	21	24.5

（1）补 21# 钻孔测斜

根据高抽巷与 6032 巷相对位置关系，设计补 21# 钻孔水平角为 90°，倾角为 22°，按照纠偏方案完成补 21# 钻孔，即水平角向高抽巷巷道口方向偏移 3°，倾角为 20°，并完成补 21# 钻孔的测斜工作。

补 21# 钻孔测斜过程中共记录 496 组数据，采集点数据共计 23 组，如表 7-7 所示。钻孔轨迹如图 7-10 所示。

表 7-7　　　　　　　　　　　　　　**采集点数据统计表**

序号	孔深/m	方位角/(°)	倾角/(°)	地磁倾角/(°)	总加速度	总磁场	温度/℃	左右偏差/m	上下偏差/m
0	2.2	123.7	20.09	47.2	1.000 0	0.844 0	25.3	−0.003	0.003
1	4.2	123.7	20.05	53.8	1.007 0	1.016 6	25.2	−0.026	0.012
2	6.2	123.6	20.14	54.6	1.003 7	1.024 2	25.1	−0.069	0.028
3	8.1	123.5	20.26	55.1	1.000 1	1.025 6	25.1	−0.102	0.050
4	10.1	123.3	20.32	54.7	1.002 3	1.016 7	25.0	−0.154	0.072
5	12.1	123.1	20.48	54.8	1.003 3	1.026 7	25.1	−0.201	0.099
6	14.1	122.9	20.60	55.6	0.999 5	1.021 5	25.1	−0.265	0.140
7	16.1	122.7	20.72	55.8	0.997 3	1.026 3	25.1	−0.336	0.188
8	18.1	122.5	20.86	55.6	1.001 5	1.022 1	25.1	−0.488	0.228
9	20.1	122.2	21.02	55.4	1.002 5	1.021 8	25.2	−0.534	0.259
10	22.1	122.0	21.16	55.9	0.999 2	1.025 8	25.2	−0.602	0.299
11	24.1	121.7	21.25	55.1	1.002 1	1.023 5	25.2	−0.698	0.360
12	26.1	121.5	21.39	55.5	1.007 8	1.038 6	25.2	−0.746	0.418
13	28.1	121.2	21.58	55.0	1.002 0	1.025 9	25.2	−0.837	0.475
14	30.1	120.9	21.80	55.9	0.997 9	1.027 7	25.2	−0.946	0.535
15	32.2	120.6	22.01	55.6	1.006 5	1.039 2	25.3	−1.088	0.588
16	34.2	120.4	22.24	55.8	1.002 7	1.037 6	25.3	−1.151	0.651
17	36.2	120.1	22.40	55.4	1.001 6	1.024 5	25.2	−1.212	0.722
18	38.2	119.9	22.77	55.3	1.001 9	1.025 0	25.3	−1.297	0.790
19	40.2	119.7	22.92	55.1	1.002 6	1.031 6	25.4	−1.369	0.857
20	42.2	119.5	23.05	55.1	1.002 5	1.031 0	25.3	−1.426	0.926
21	44.2	119.1	23.21	55.7	0.999 8	1.025 4	25.3	−1.598	0.998
22	46.2	118.9	23.43	55.2	1.001 8	1.025 9	25.4	−1.665	1.080

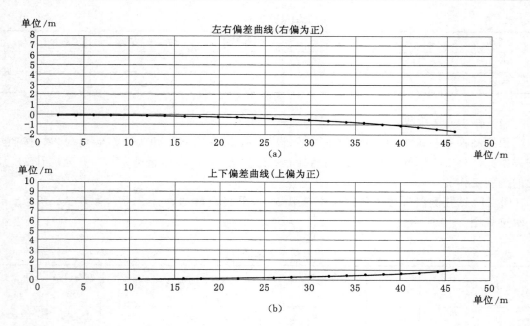

图 7-10 补 21# 钻孔轨迹

（a）钻孔轨迹左右偏差曲线；（b）钻孔轨迹上下偏差曲线

由表 7-7 和图 7-10 可知，补 21# 抽采钻孔终孔位置向左偏 1.665 m，向上偏 1.080 m。

（2）补 22# 钻孔测斜

根据高抽巷与 6032 巷相对位置关系，设计补 22# 钻孔水平角为 90°，倾角为 22°，按照纠偏方案完成补 22# 钻孔，即水平角向高抽巷巷道口方向偏移 5°，倾角为 18°，并完成补 22# 钻孔的测斜工作。

补 22# 钻孔测斜过程中共记录 481 组数据，采集点数据共计 23 组，如表 7-8 所示。钻孔轨迹如图 7-13 所示。

表 7-8　　　　　　　　　　　　　采集点数据统计表

序号	孔深 /m	方位角 /(°)	倾角 /(°)	地磁倾角 /(°)	总加速度	总磁场	温度 /℃	左右偏差 /m	上下偏差 /m
0	3.8	121.7	17.94	52.3	0.995 5	1.037 7	24.6	−0.007	0.002
1	5.8	121.3	18.03	54.8	1.003 2	1.042 1	24.6	−0.114	0.010
2	7.8	121.0	18.15	55.0	1.001 6	1.041 4	24.7	−0.202	0.062
3	9.9	120.8	18.31	55.2	1.001 0	1.040 7	24.8	−0.310	0.101
4	11.9	120.4	18.49	55.2	1.000 4	1.039 9	24.9	−0.422	0.175
5	13.9	120.0	18.62	55.3	1.003 7	1.026 6	25.0	−0.520	0.249
6	15.9	119.7	18.79	55.1	0.996 2	1.033 9	25.0	−0.648	0.328
7	17.9	119.5	18.98	55.1	0.996 3	1.026 4	25.0	−0.752	0.445
8	19.9	119.1	19.29	55.4	1.000 0	1.040 8	25.1	−0.882	0.533

序号	孔深 /m	方位角 /(°)	倾角 /(°)	地磁倾角 /(°)	总加速度	总磁场	温度 /℃	左右偏差 /m	上下偏差 /m
9	21.9	118.8	19.63	55.4	1.002 2	1.026 4	25.1	−1.013	0.610
10	23.9	118.4	19.97	56.1	1.005 5	1.036 8	25.1	−1.134	0.717
11	25.9	118.1	20.22	55.7	1.000 5	1.041 3	25.1	−1.259	0.863
12	27.9	117.9	20.60	55.9	1.006 4	1.031 1	25.0	−1.339	1.047
13	29.9	117.7	20.86	55.2	0.993 7	1.031 3	25.0	−1.510	1.173
14	31.9	117.3	21.23	55.9	1.001 4	1.040 7	25.0	−1.645	1.340
15	33.8	117.0	21.56	55.8	1.000 8	1.041 1	25.0	−1.790	1.443
16	35.8	116.7	21.89	55.4	0.997 6	1.040 1	25.0	−1.981	1.588
17	37.8	116.5	22.15	55.2	0.993 6	1.030 2	25.0	−2.109	1.669
18	39.8	116.2	22.75	55.8	1.000 4	1.041 6	25.0	−2.225	1.782
19	41.8	115.9	23.27	55.5	0.997 6	1.040 7	24.9	−2.307	1.829
20	43.8	115.6	23.95	55.3	0.995 2	1.029 1	25.0	−2.391	1.908
21	45.8	115.3	24.61	56.2	1.003 9	1.037 4	24.9	−2.441	1.804
22	47.8	114.8	25.42	55.3	0.993 9	1.034 8	24.9	−2.545	2.081

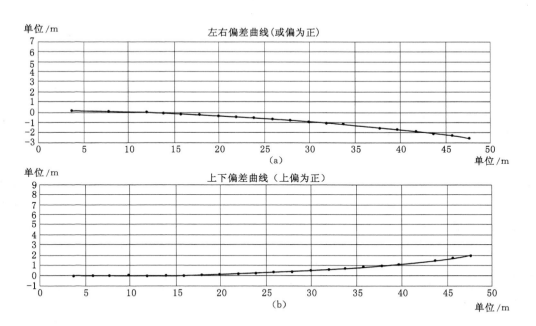

图 7-11　补 22# 钻孔轨迹

(a) 钻孔轨迹左右偏差曲线;(b) 钻孔轨迹上下偏差曲线

由表 7-8 和图 7-13 可知,22# 抽采钻孔终孔位置向左偏 2.545 m,向上偏 2.081 m。

7.5.2.2 纠偏测试结果分析

按照纠偏方案，补 21# 抽采钻孔终孔位置向左偏 1.665 m，向上偏 1.080 m。补 22# 抽采钻孔终孔位置向左偏 2.545 m，向上偏 2.081 m，纠偏方案的对比如表 7-9 所示。

表 7-9　　　　　　　　　　　　试验地点钻孔偏离情况

纠偏方案	钻孔编号	水平角/(°)	倾角/(°)	倾向/m		走向/m	
				上偏	下偏	左偏	右偏
方案一	补 21#	87	＋20	1.080		1.665	
方案二	补 22#	85	＋18	2.081		2.545	

7.5.3 钻孔纠偏效果

根据前面纠偏效果评价章节中的表述，采取公式(7-11)～公式(7-13)对纠偏方案一、方案二进行纠偏效果分析，如表 7-10 所示。由表 7-10 可知，方案一的钻孔纠偏后钻孔终孔偏离原设计钻孔终孔位置为 1.363 m，方案二的钻孔纠偏后钻孔终孔偏离原设计钻孔终孔位置为 2.712 m。可以得出结论：方案一的纠偏效果较方案二的纠偏效果好。

表 7-10　　　　　　　　　　　方案一、二的纠偏效果

纠偏效果	f/m	$\Delta h/m$	k/m
方案一	1.163	0.712	1.363
方案二	2.262	1.496	2.712

7.5.4 纠偏后钻孔抽采效果

纠偏前后钻孔抽采效果如表 7-11 所示。由表 7-11 可知，纠偏后的钻孔抽采效果较纠偏前有明显提高。方案一纠偏后钻孔瓦斯浓度的最大值和平均值较纠偏前分别提高了 15.3%、11.6%，且持续抽采时间增加了 1～6 d。钻孔纠偏方案一钻孔瓦斯抽采效果较方案二的好，高抽巷内后续实施钻孔参照方案一进行纠偏。

表 7-11　　　　　　　　　　　方案一、二的纠偏效果

钻孔	瓦斯浓度最大值/%	瓦斯浓度平均值/%	60%～70%/d	50%～60%/d	40%～50%/d	30%～40%/d	20%～30%/d	10%～20%/d	备注
纠偏前	46.4	24.2	0	0	2	6	5	10	连续观测30天，当钻孔瓦斯浓度低于10%时，关闭钻孔
方案一	61.7	35.8	1	2	4	12	7	4	
方案二	52.6	29.3	0	1	2	10	9	8	

7.6　本章小结

（1）提出了角度补偿纠偏方法及其评价指标。首先采用钻孔测斜仪测出钻孔偏斜角度，然后在钻孔施工过程中对钻孔设计角度进行相反方向角度补偿；当纠偏角度较小时，纠偏后钻孔钻进轨迹与钻孔设计轨迹的偏斜较小，纠偏精度能满足要求。提出了钻孔纠偏效果评价指标 k 及其计算方法，当 k 值越小时，钻孔实际轨迹距钻孔设计轨迹越近，表明钻孔纠偏效果越好。

（2）钻孔测斜结果表明，151#、152#高位钻孔终孔位置比原设计值分别上偏了 2.236 m、2.133 m，分别左偏了 3.656 m、4.021 m；终孔位置偏移距离分别为 4.203 m、4.481 m。151#、152#钻孔水平方向左偏角分别为 5°、6°，垂直方向上偏角分别为 5°、4°。测斜结果表明，钻孔实际轨迹偏离钻孔设计轨迹较大，影响钻孔抽采效果。

（3）采用角度补偿方法进行钻孔纠偏，提出两种纠偏方案：方案一水平方向向右补偿 3°，倾角方向向下补偿 2°，即补 21#钻孔水平角为 87°，倾角 22°，孔深 53 m，测斜结果为向左偏 1.665 m，向上偏 1.080 m，距离设计钻孔终孔距离 k 为 1.363 m；方案二水平方向向右补偿 5°，倾角方向向下补偿 4°，即补 22#钻孔水平角为 85°，倾角 20°，孔深 53 m，测斜结果为向左偏 2.545 m，向上偏 2.081 m，距离设计钻孔终孔距离 k 为 2.712 m。

（4）通过纠偏方案比较，确定了合理的纠偏方案，纠偏后高位钻孔卸压瓦斯抽采浓度的最大值和平均值较纠偏前分别提高了 15.3%、11.6%，且持续抽采时间增加了 1~6 d。纠偏效果表明，纠偏后钻孔实际轨迹基本达到了设计要求，解决了钻孔施工偏斜问题，保障了终孔位置达到设计要求，有效提高了高位钻孔卸压瓦斯抽采浓度，且实现了持续抽采，保障了 2-603 工作面安全高效回采。

8 外错高抽巷高位钻孔卸压瓦斯抽采工业性试验分析

前面分析确定了外错高抽巷合理布置层位、高位钻孔终孔合理位置及高位钻孔纠偏参数,本章在 2-603 工作面开展了外错高抽巷高位钻孔卸压瓦斯抽采工业性试验分析,主要进行了外错高抽巷围岩变形监测、高位钻孔抽采效果分析。

8.1 外错高抽巷围岩变形监测

在外错高抽巷内布置 5 个测站,采用"十"字测量法进行观测,测点布置如图 8-1 所示。采用测枪进行测量,主要观测内容包括顶板下沉量 OA、底鼓量 OD、靠近 2-603 采空区侧一帮(左帮)移近量 OB 和靠近 2-605 工作面一帮(右帮)移近量 OC,监测结果如图 8-2 所示。

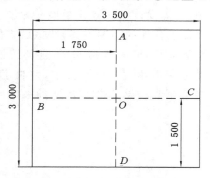

图 8-1　表面位移测点布置示意图

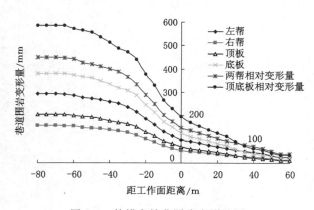

图 8-2　外错高抽巷围岩变形监测

由图 8-2 可知,巷道围岩变形受 2-603 工作面采动影响大,并与 2-603 工作面推进度关系密切,变形主要发生在巷道左帮及底板。未受 2-603 工作面采动影响时,巷道顶底板及两帮相对变形量分别为 33 mm、38 mm。工作面推进过程中,超前工作面 20 m 时,巷道顶底板及两帮相对变形量分别为 125 mm、103 mm。超前工作面 0 m 时,巷道顶底板及两帮相对变形量分别为 195 mm、150 mm。滞后工作面 10 m 时,巷道顶底板及两帮相对变形量分别为 266 mm、203 mm。滞后工作面 40 m 时,巷道顶底板及两帮相对变形量分别为 511 mm、400 mm。滞后工作面 40 m 以后,巷道围岩变形缓慢。滞后工作面 80 m 以后,围岩变形趋于稳定,巷道顶底板及两帮相对变形量分别为 583 mm、450 mm;断面收缩率为 21.52%～25.32%。表明受 2-603 工作面采动影响时,巷道围岩变形在允许范围内,巷道断面能满足下区段 2-605 工作面覆岩采动卸压瓦斯抽采要求。

8.2　外错高抽巷抽采系统

8.2.1　抽采系统

2-603 高抽巷高位钻孔→ϕ280 mm PE 抽采支管路→六区右回风巷 ϕ426 mm 高、低负压管路→南总至 2# 风井两趟高、低负压 ϕ426 mm 管路→地面泵站高、低负压管路→水循环真空泵→地面泵站正压管路→排空管。2-603 工作面抽采系统如图 8-3 所示。

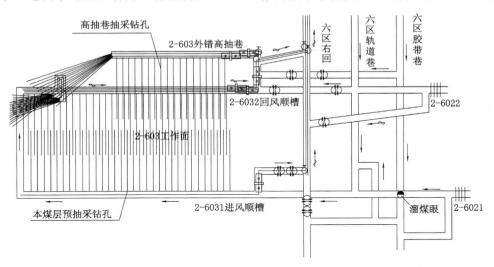

图 8-3　2-603 工作面抽采系统示意图

8.2.2　外错高抽巷高位钻孔布置参数

由第 6 章 6 个试验钻孔抽采效果可知,1-1、1-2 试验钻孔布置参数合理,钻孔抽采瓦斯浓度高,持续抽采时间长。为有效抽采卸压瓦斯,自 159 钻孔后参照 1-1、1-2 钻孔参数进行布置。2-603 工作面煤层和外错高抽巷相对高差为 17～29 m,在钻孔施工过程中应实时变更高位钻孔参数,确保钻孔终孔位于煤层顶板 44 m 处。由第 7 章高位钻孔测斜与纠偏分析可知,钻孔施工前可参照方案一进行纠偏,即水平方向钻孔右偏 3°,倾斜方向下偏 2°。鉴于钻孔偏斜轨迹受现场地质条件、施工技术、钻孔角度等因素影响大,因此每班都要进行 1 个钻孔测斜分析,根据测斜结果及时调整纠偏参数，以保证钻孔实际轨迹达到设计要求。

8.3 高位钻孔抽采效果

8.3.1 各钻孔瓦斯浓度变化规律

为进一步提高高位钻孔抽采效果，选取 201、203、241、224、240、242 等 6 个钻孔瓦斯浓度监测结果进行分析，6 个钻孔布置参数如表 8-1 所示，钻孔瓦斯浓度变化规律如图 8-4～图 8-9 所示。

表 8-1　　　　　　　　　　　　钻孔基本设计参数

钻孔编号	水平角 /(°)	倾角 /(°)	深入工作面 距离/m	落底高度 /m	钻孔深度 /m	两巷平均 高差/m	两巷平距 /m
201	90	+22	19.87	45.76	55	24.1	26.38
203	90	+22	19.87	45.76	55	24.1	26.38
214	90	+22	19.87	45.76	55	24.1	26.38
224	90	+22	25.69	48.83	61	24.1	26.38
240	90	+18	26.18	44.67	60	24.1	26.38
242	90	+18	29.03	46.61	63	24.1	26.38

6 个钻孔瓦斯浓度阶段统计结果如表 8-2 所示。

表 8-2　　　　　　　　　　　　钻孔瓦斯浓度阶段统计

钻孔 编号	瓦斯浓度 最大值/%	60%～70% /d	50%～60% /d	40%～50% /d	30%～40% /d	20%～30% /d	10%～20% /d
201	65.4	1	3	4	6	12	17
203	63.4	1	5	7	3	9	11
214	53.6		2	4	14	12	4
224	44.2			10	7	10	8
240	43.4			5	3	13	1
242	44.2			5	7	14	1

由表 8-2 可知，201、203、241、224、240、242 钻孔瓦斯浓度大于 20% 的天数占总抽采天数的比例分别为 61%、70%、89%、78%、96%、97%，大于 50% 的天数占总抽采天数的比例分别为 18%、36%、16%、28%、22%、18%。监测结果表明，实施钻孔布置参数合理，抽采瓦斯浓度较高，钻孔持续抽采时间长。

8.3.2 抽采支管路瓦斯浓度变化规律

自 2014 年 4 月份以来，支管路工况瓦斯纯流量为 $18.07～25.21~\mathrm{m^3/min}$，平均为 21.64

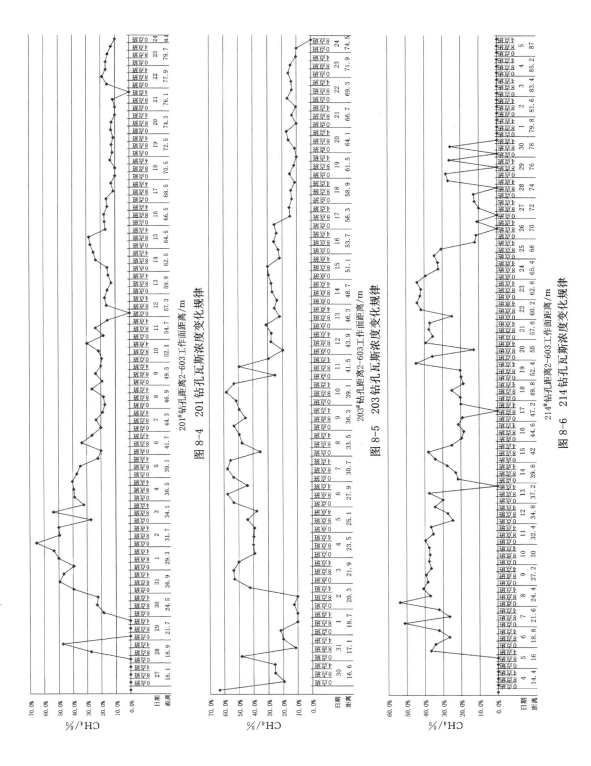

图 8-4　201 钻孔瓦斯浓度变化规律

图 8-5　203 钻孔瓦斯浓度变化规律

图 8-6　214 钻孔瓦斯浓度变化规律

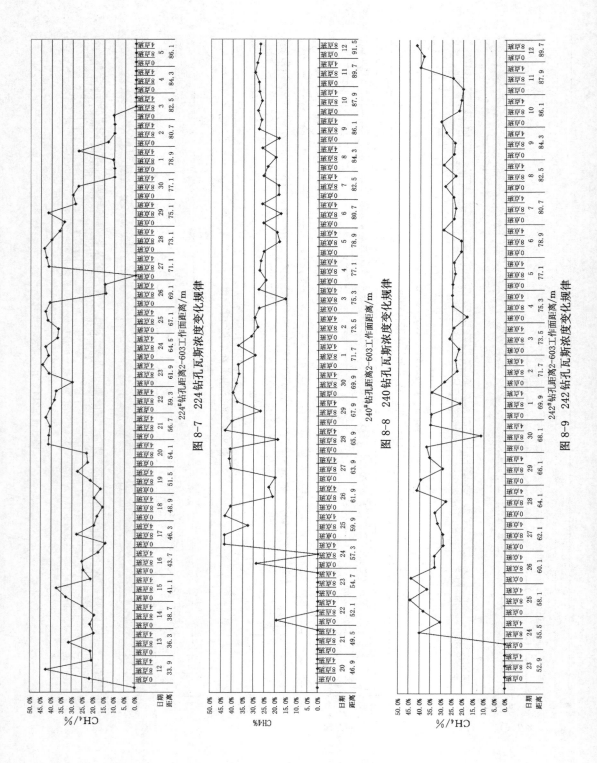

图 8-7　224 钻孔瓦斯浓度变化规律

图 8-8　240 钻孔瓦斯浓度变化规律

图 8-9　242 钻孔瓦斯浓度变化规律

m^3/min,标况瓦斯纯流量为 $11.1 \sim 15.95\ m^3/min$,平均为 $13.54\ m^3/min$。其中 4 月~7 月支管路抽采瓦斯纯流量变化规律如图 8-10 所示。

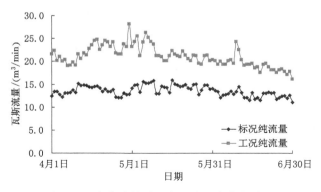

图 8-10　支管路抽采瓦斯纯流量变化规律

8.3.3　上隅角瓦斯浓度变化规律

2-603 工作面采用 U 形通风方式,工作面上隅角瓦斯易积聚,导致瓦斯超限。为防止上隅角瓦斯超限造成安全事故,在工作面上隅角布置了 9 个测点监测上隅角瓦斯浓度,其中 1 测点瓦斯浓度、9 个测点瓦斯浓度平均值如图 8-11、图 8-12 所示。

由图 8-11、图 8-12 可知:

(1) 8 点班、交叉班上隅角瓦斯浓度略高于 0 点班、4 点班

8 点班、交叉班,工作面正在进行采煤作业,大量瓦斯从破碎煤体内涌出,导致上隅角瓦斯浓度偏大;而 0 点班、4 点班工作面没有进行采煤作业,从煤体中涌出瓦斯较少,上隅角瓦斯浓度较 8 点班、交叉班小。

(2) 1 测点瓦斯浓度一般高于平均值

因为 1 测点正处于通风盲区,且测点高度较高,容易导致瓦斯在此积聚,所以 1 测点的瓦斯浓度较高。

(3) 1 测点瓦斯浓度变化大致分 3 个区间

① 2~3 月底,工作面正常推进,高抽巷抽采钻孔参数按矿方进行设计,1 测点瓦斯浓度在 $0.5\% \sim 0.9\%$ 之间变化,主要集中在 $0.7\% \sim 0.9\%$ 之间波动,在这期间上隅角瓦斯浓度较高。

② 4~5 月中旬,工作面过断层推进速度较慢,变更钻孔抽采参数,采用上行孔抽采覆岩裂隙带中瓦斯,钻孔终孔位置打到裂隙带内,提前工作面约 10 m 位置打孔。1 测点瓦斯浓度在 $0.48\% \sim 0.89\%$ 之间变化,主要集中在 $0.6\% \sim 0.8\%$ 之间波动,上隅角瓦斯浓度较低。

③ 在 5 月中旬~7 月上旬,工作面推过断层正常推进,变更钻孔抽采参数,采用上行孔抽采覆岩裂隙带中瓦斯,钻孔终孔位置打到裂隙带内,滞后于工作面 20~30 m 位置打孔。1 测点瓦斯浓度大致在 $0.54\% \sim 0.89\%$ 之间浮动,主要集中在 $0.6\% \sim 0.7\%$ 之间波动,上隅角瓦斯浓度较低,并有逐渐减小的趋势。

(4) 上隅角瓦斯浓度平均值呈下降趋势

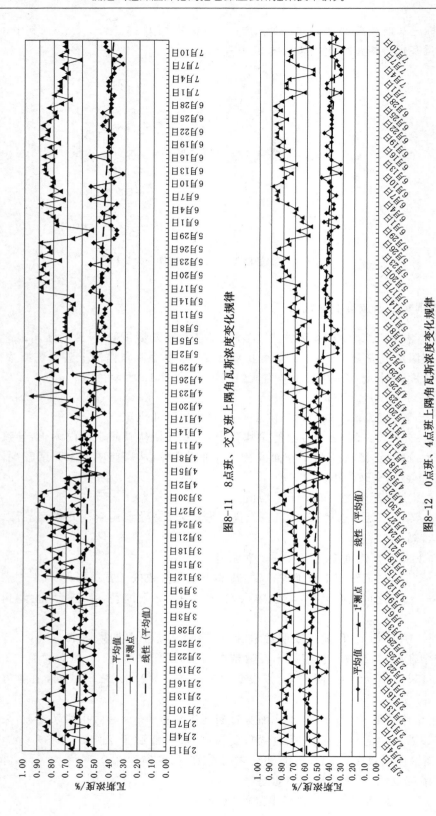

图8-11　8点班、交叉班上隅角瓦斯浓度变化规律

图8-12　0点班、4点班上隅角瓦斯浓度变化规律

自 2014 年 4 月份现场实施以后,工作面上隅角瓦斯浓度生产班为 0.50％～0.95％,检修班为 0.47％～0.89％。其中 4 月～7 月上隅角瓦斯浓度变化规律如图 8-13 所示。应用效果表明,有效降低了工作面上隅角瓦斯浓度,避免了隅角瓦斯超限,保障了工作面安全高效回采。

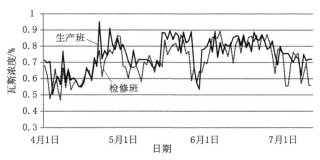

图 8-13　工作面上隅角瓦斯浓度变化规律

8.4　本章小结

(1) 2-603 工作面回采效果表明,滞后工作面 80 m 以后,外错高抽巷围岩变形趋于稳定,巷道顶底板及两帮相对变形量分别为 583 mm、450 mm,巷道断面收缩率为 21.52％～25.32％。上述表明,受 2-603 工作面采动影响时,巷道围岩变形在允许范围内,巷道断面能满足下区段 2-605 工作面覆岩采动卸压瓦斯抽采要求。

(2) 201、203、241、224、240、242 钻孔瓦斯浓度大于 20％的天数占总抽采天数的比例分别为 61％、70％、89％、78％、96％、97％,大于 50％的天数占总抽采天数的比例分别为 18％、36％、16％、28％、22％、18％。表明了高位钻孔布置参数合理,抽采瓦斯浓度较高,钻孔持续抽采时间长。

(3) 自 2014 年 4 月份现场实施以后,支管路工况瓦斯纯流量为 18.07～25.21 m³/min,平均为 21.64 m³/min;标况瓦斯纯流量为 11.1～15.95 m³/min,平均为 13.54 m³/min。工作面上隅角瓦斯浓度生产班为 0.50％～0.95％,检修班为 0.47％～0.89％。应用效果表明,在外错高抽巷内采用高位钻孔抽采上区段 2-603 工作面覆岩采动卸压瓦斯,可有效降低工作面上隅角瓦斯浓度,避免了隅角瓦斯超限,保障了工作面安全高效回采。

9 主 要 结 论

本书以李雅庄煤矿低透气性煤层为研究对象,以提高采场覆岩卸压瓦斯抽采效果为切入点,综合采用实验室实验、理论分析、数值模拟、相似材料模拟、现场实测及工业性试验等研究手段,对低透气性煤层外错高抽巷卸压瓦斯抽采技术展开了较为系统研究,研究成果为低透气性煤层卸压瓦斯抽采提供了理论指导。主要结论如下:

(1) 为解决相邻两工作面上隅角瓦斯超限难题和实现高抽巷"一巷两用",提出外错高抽巷布置方式:沿上工作面回风顺槽侧,在煤层顶板内外错布置走向高抽巷;在高抽巷服务前期,在其内采用高位钻孔抽采上工作面覆岩采动卸压瓦斯;在高抽巷服务后期,直接采用高抽巷抽采下工作面覆岩采动卸压瓦斯;实现一条高抽巷服务于相邻两工作面,提高了高抽巷利用效率。

(2) 工作面开挖后,工作面上端头底板 12.0 m 处、下端头底板外错 10.0 m 处为应力增高区,应力分别为 35 MPa、45 MPa;工作面上端头顶板 51.0 m 处、下端头顶板 62.0 m 处为应力增高区,应力为 45 MPa,这些区域裂隙不发育。采空区中部没有支撑,煤层回采后,直接顶发生冒落,导致基本顶大面积垮落,冒落岩石被上覆岩层逐渐压实,导致覆岩裂隙逐渐闭合,应力逐渐恢复,这些区域裂隙较发育。工作面开挖后,因工作面上、下端头煤层支撑作用,导致上、下端头处覆岩不能充分垮落,形成了"砌体梁"结构,这些区域处于卸压区,裂隙发育。

(3) 工作面上端头覆岩采动裂隙呈"分区"分布特征,垂直方向上主要集中分布在两个区域:第一个区域距离底板 13.0~25.0 m,宽度约为 65.0 m,距离采空区边界 12.0 m;第二个区域距离底板 38.6~50.0 m,宽度约为 50 m,距离采空区边界 28.0 m,且在上山采动角 62°以内。

(4) 物理相似模拟表明,采空区中部覆岩逐渐被压实,导致离层裂隙和穿层裂隙逐渐闭合。工作面两端头上方岩层因形成了"砌体梁"结构而不能充分垮落,这些区域裂隙发育。裂隙主要分布在两个区域:第一个区域位于顶板 15.9 m 以下范围内,第二个区域距离底板 33.6~47.5 m 的范围内,且在上山采动角 54°以内。在煤壁内形成了固定支承压力,其中煤壁内 0~5 m 为应力降低区,5~25 m 为压力增高区,25 m 以外应力逐渐恢复到原岩应力。

(5) 覆岩采动裂隙实测结果表明,受工作面采动影响,在距煤层顶板 34.5~51.5 m 区域,覆岩采动裂隙发育,其中大裂隙主要分布在距煤层顶板 44 m 的位置,44 m 上方分布了少许小裂隙。

(6) 综合考虑 2-603、2-605 工作面覆岩采动裂隙和采动应力分布规律及影响范围,并基于高抽巷位于不同层位时采动效果,确定在 2-603 工作面顶板内布置走向外错高抽巷;高抽巷在水平方向上外错 2-603 工作面 25 m,垂直方向上位于 2 煤顶板 25 m 处。

(7) 高位钻孔抽采效果与其终孔位置关系密切,当高位钻孔分别滞后工作面 10 m、15

m、20 m,终孔位于煤层顶板 45 m 处时,工作面上端头隅角处瓦斯浓度分别为 0.811 9%、0.471 1%、0.605 8%。综合考虑工作面瓦斯浓度、高位钻孔瓦斯浓度,滞后工作面 15 m 布置高位钻孔,且其终孔位于煤层顶板 45 m 处,可保证高位钻孔对工作面覆岩采动卸压瓦斯抽采效果。

(8) 基于 2-603 工作面上端头覆岩采动裂隙"分区"分布特征和瓦斯升浮特性,为确保持续、有效抽采工作面覆岩采动裂隙卸压瓦斯,确定了高位钻孔终孔位置应布置在第二区域内。为确定高位钻孔终孔合理层位,在外错高抽巷内布置了 6 个试验钻孔,试验钻孔抽采效果表明,高位钻孔终孔合理位置位于 2 煤层顶板 44 m 处。

(9) 试验钻孔抽采效果表明,沿工作面推进方向上,钻孔瓦斯浓度随着顶板周期性破断发生周期性波动。未受采动影响时,钻孔抽采瓦斯浓度低,持续时间较短;受采动影响时,钻孔抽采瓦斯浓度高,持续时间较长。垂直煤层顶板方向上,钻孔瓦斯浓度受钻孔终孔位置影响大。钻孔终孔位置位于 2 煤层顶板 44 m 处时,受采动影响,钻孔瓦斯浓度上升快,瓦斯浓度保持在很高水平,同时钻孔持续抽采时间长。

(10) 高位钻孔窥视结果表明,当钻孔倾角较小时,钻孔穿过泥岩层,施工过程中钻孔易存水,受采动影响前,钻孔存有水,在水化作用下,泥岩层易发生膨胀,导致钻孔塌孔,成孔质量差,导致卸压瓦斯抽采效果差。当抽采钻孔倾角较大时,一方面钻孔没有穿过泥岩层,而是位于泥岩层上方,施工过程中钻孔不易存水,避免了水的长期浸泡;另一方面,钻孔穿过岩层的岩性较好,钻孔不易塌孔,成孔质量高,卸压瓦斯抽采效果好。

(11) 钻孔测斜结果表明,外错高抽巷内 151#、152# 钻孔终孔位置比原设计位置分别上偏了 2.236 m、2.133 m,分别左偏了 3.656 m、4.021 m,钻孔终孔位置偏移距离分别为 4.203 m、4.481 m。151#、152# 钻孔水平方向上左偏角分别为 5°、6°,垂直方向上分别上偏了 5°、4°。表明了钻孔实际钻进轨迹偏离钻孔设计轨迹较大,势必影响高位钻孔抽采效果。

(12) 提出了角度补偿纠偏方法及其评价指标。先用钻孔测斜仪测出钻孔偏斜角度,后在钻孔施工过程中对钻孔设计角度进行相反方向角度补偿;当纠偏角度较小时,纠偏后钻孔钻进轨迹与设计轨迹的偏斜在可接受范围内,能满足纠偏要求。给出了钻孔纠偏效果评价指标 k 及其计算方法,当 k 值越小时,说明纠偏后钻孔实际轨迹距钻孔设计轨迹越近,表明钻孔纠偏效果越好。

(13) 采用角度补偿方法对高位钻孔进行纠偏,纠偏效果表明钻孔终孔位置与设计值相比偏移量较小。纠偏后钻孔抽采瓦斯浓度的最大值和平均值较纠偏前分别提高了 15.3%、11.6%,且持续抽采时间增加了 1~6 d。纠偏后钻孔实际轨迹基本达到了设计要求,解决了施工钻孔偏斜问题。

(14) 滞后工作面 80 m 以后,外错高抽巷围岩变形趋于稳定,巷道底板及靠近采空区侧一帮变形量大,顶底板及两帮相对变形量分别为 583 mm、450 mm,断面收缩率为 21.52%~25.32%。表明了外错高抽巷布置层位合理,受 2-603 工作面采动影响较小,巷道断面能满足下区段 2-605 工作面覆岩采动卸压瓦斯抽采要求。

(15) 提出了在外错高抽巷内布置高位钻孔抽采上区段工作面覆岩采动卸压瓦斯方法。高位钻孔卸压瓦斯抽采效果表明,高位钻孔瓦斯抽采浓度为 10%~65%,钻孔抽采时间可达 20~40 d;高抽巷抽放支管路流量为 90 m³/min,支管路同时连接 15~20 个高位钻孔,支管路瓦斯浓度为 18.4%~31.4%,平均为 24.8%;瓦斯纯流量为 16.6~28.3 m³/min,平均为 22.3 m³/min,工作面上隅角瓦斯浓度生产班、检修班分别为 0.50%~0.95%、0.47%~0.89%。表明了高位钻孔终孔位置是合理的,外错高抽巷高位钻孔抽采卸压瓦斯技术的成功实施,有效降低了 2-603 工作面上隅角瓦斯浓度,避免了上隅角瓦斯超限,保障了工作面安全高效回采。

参 考 文 献

[1] 李树刚,钱鸣高. 我国煤层与甲烷安全共采技术的可行性[J]. 科技导报,2000(6): 39-41.

[2] 潘东伟,潘伟鹏,赵娟. 当前国内煤炭行情及未来展望[J]. 全国商情,2013(8):17-19.

[3] 中华人民共和国能源局. 煤矿瓦斯防治部际协调领导小组第十一次会议召开[EB/OL]. http://www.gov.cn/gzdt/2014-01-28/content_2577701.htm.

[4] DZIURZYNSKI,WACLAW,KRAUSE. Influence of The Field of Aerodynamic Potentials and Serrondings of Goaf on Methane Hazard in Longwall N-12 in Seam 329/1, 329/1-2 in "KRUPINSKI" Coal Mine[J]. ARCHIVES OF MINING SCIENCES, 2012,57(4): 819-830.

[5] WASILEWSKI,STANISLAW. Optimal Design for Effective Coverage of Wireless Sensor Networks in Coal Mine Goaf. ARCHIVES OF MINING SCIENCES[J]. 2011. 9(5): 579-599.

[6] 程远平,付建华,俞启香. 中国煤矿瓦斯抽采技术的发展[J],采矿与安全工程学报, 2009,26(2):127-139.

[7] 袁亮. 低透高瓦斯煤层群安全开采关键技术研究[J]. 岩石力学与工程学报,2008,27 (7):1370-1379.

[8] 张浩然. 煤矿瓦斯抽采技术研究及应用[D]. 太原:太原理工大学,2011.

[9] 林柏泉,张建国. 矿井瓦斯抽放理论与技术[M]. 徐州:中国矿业大学出版社,1996.

[10] 王康健,李应辉,江东明. 张集煤矿采空区瓦斯治理与利用技术[J]. 煤炭科学技术, 2009,37(9):65-67.

[11] 石智军,姚宁平,叶根飞. 煤矿井下瓦斯抽采钻孔施工技术与装备[J]. 煤炭科学技术, 2009,37(7):1-4.

[12] 姚宁平,孙荣军,叶根飞. 我国煤矿井下瓦斯抽放钻孔施工装备与技术[J]. 煤炭科学技术,2008,36(3):12-16.

[13] 阚占和,佟军. 采空区高位钻孔瓦斯抽放技术应用与分析[J]. 中国矿业,2009,18(11): 100-103.

[14] KARMIS M,TRIPLETT T,HAYCOCKS C,etc. Mining subsidence and its prediction in coalfield[J]. Rock Mechanics,1983(6):22-23.

[15] HASENFUS G J,JOHNSON K L,SU D W H. A hydrogeomechanical study of overburden aquifer response to longwall mining[C]//Proc. 7Conf. Ground Control in Mining,3-5 August 1988,Morgantown. West Virginia University,Morgantown: 144-152.

[16] BAI M,ELSWORTH D. Some aspects of mining under aquifers in China[J]. Mining Sci Tech. 1990,10(1):81-91.

[17] PALCHIK V. Influence of physical characteristics of weak rock mass on height of cavedzone over abandoned sub-surface coal mines. Environmental Geology, 2002,42 (1):92-101.

[18] 张金才,刘天泉. 论煤层底板采动裂隙带的深度及分布特征[J]. 煤炭学报,1990,15 (2):46-55.

[19] 刘天泉. 矿山岩体采动影响与控制工程学及其应用[J]. 煤炭学报,1995,20(1):1-5.

[20] 高延法. 岩移"四带"模型与动态位移反分析[J]. 煤炭学报,1996,21(1):51-56.

[21] 马庆云. 采动支承压力及上覆岩层运动规律研究[D]. 徐州:中国矿业大学,1997.

[22] 钱鸣高,缪协兴,许家林. 岩层控制的关键层理论[M]. 徐州:中国矿业大学出版社,2000.

[23] 钱鸣高,石平五,许家林. 矿山压力与岩层控制[M]. 徐州:中国矿业大学出版社,2010.

[24] 许家林,孟广石. 应用上覆岩层采动裂隙"O"形圈特征抽放采空区瓦斯[J]. 煤矿安全,1995(7):1-3.

[25] 钱鸣高,许家林. 覆岩采动裂隙分布的"O"形圈特征研究[J]. 煤炭学报,1998(5):466-469.

[26] 朱大岗. 实验岩石裂隙微观形态初探[J]. 地质力学学报,1997,3(1):57-62.

[27] XIE H P. Fractal in rock mechanics[M]. Rotterdam/Brookfield, 1993:243-434.

[28] OUCHTERLONG F. 岩石断裂韧度试验述评[J]. Solid Mechanizes Archives, 1982 (2):131-221.

[29] 哈宽富. 断裂物理基础[M]. 北京:科学出版社,2000.

[30] 何学秋,王恩元,聂百胜,等. 煤岩流变电磁动力学[M]. 北京:科学出版社,2003.

[31] 邓广哲. 裂隙岩体非线性蠕变断裂损伤特性与模型研究[D]. 武汉:中国科学院武汉岩土力学研究所,2001.

[32] 李树刚. 综放开采围岩活动及瓦斯运移[M]. 徐州:中国矿业大学出版社,2000.

[33] 李树刚,石平五,钱鸣高. 覆岩采动裂隙椭抛带动态分布特征研究[J]. 矿山压力与顶板管理,1999(3):44-46.

[34] 程远平,俞启香,袁亮. 上覆远程卸压岩体移动特性与瓦斯抽采技术[J]. 辽宁工程技术大学学报,2003,22(4):483-486.

[35] 石必明,俞启香,周世宁. 保护层开采远距离煤岩破裂变形数值模拟[J]. 中国矿业大学学报,2004,33(3):259-263.

[36] 刘泽功,袁亮,戴广龙等. 采动覆岩裂隙特征研究及在瓦斯抽放中应用[J]. 安徽理工大学学报,2004,24(4):10-15.

[37] 石必明,俞启香. 远距离保护层开采煤岩移动变形特性的试验研究[J]. 煤炭科学技术,2005,33(2):39-42.

[38] 章梦涛,潘一山,梁冰. 煤岩流体力学[M]. 北京:科学出版社,1995.

[39] 蒋曙光,张人伟. 综放采场流场数学模型及数值计算[J]. 煤炭学报,1998,23(3):258-261.

[40] 丁广骧,柏发松.采空区混合气运动基本方程及有限元解法[J].中国矿业大学学报,1996,25(3):21-26.

[41] 丁广骧.矿井大气与瓦斯三维流动[M].徐州:中国矿业大学出版社,1996.

[42] 梁栋,黄元平.采动空间瓦斯运动的双重介质模型[J].阜新矿业学院学报,1995,14(2):4-7.

[43] 吴强,梁栋.CFD技术在通风工程中的运用[M].徐州:中国矿业大学出版社,2001.

[44] 李宗翔,孙广义,王继波.回采采空区非均质渗流场风流移动规律的数值模拟[J].岩石力学与工程学报,2001,20(增2):1578-1581.

[45] 李宗翔.综放工作面采空区瓦斯涌出规律的数值模拟研究[J].煤炭学报,2002(2):173-178.

[46] 李宗翔,纪书丽,题正义.采空区瓦斯与大气两相混溶扩散模型及其求解[J].岩石力学与工程学报,2005,24(16):2971-2976.

[47] 刘卫群.破碎岩体渗流理论及其应用研究[D].徐州:中国矿业大学,2002.

[48] 缪协兴,刘卫群,陈占清.采动岩体渗流理论[M].北京:科学出版社,2004.

[49] 胡千庭,梁运培,刘见中.采空区瓦斯流动规律的CFD模拟[J].煤炭学报,2007,32(7):719-723.

[50] 兰泽全,张国枢.多源多汇采空区瓦斯浓度场数值模拟[J].煤炭学报,2007,32(4):396-401.

[51] 鹿存荣,杨胜强,郭晓宇.采空区渗流特性分析及其流场数值模拟预测[J].煤炭科学技术,2011,39(9):55-59.

[52] 许家林,钱鸣高.地面钻井抽放上覆远距离卸压煤层气试验研究[J].中国矿业大学学报,2000,29(1):78-81.

[53] 屈庆栋,许家林,钱鸣高.关键层运动对邻近层瓦斯涌出影响的研究[J].岩石力学与工程学报,2007,26(7):1478-1484.

[54] 刘泽功.开采煤层顶板抽放瓦斯流场分析[J].矿业安全与环保,2000,27(3):4-6.

[55] 刘泽功,袁亮,戴广龙,等.开采煤层顶板"环形裂隙圈内走向长钻孔"抽放瓦斯研究[J].中国工程科学,2004,6(5):32-38.

[56] 刘泽功.卸压瓦斯储集与采场围岩裂隙演化关系研究[D].合肥:中国科技大学,2004.

[57] 郭玉森,林柏泉,吴传始.围岩裂隙演化与采动卸压瓦斯储运的耦合关系[J].采矿与安全工程学报,2007,24(4):414-417.

[58] 李树刚,林海飞,成连华.采动裂隙椭抛带卸压瓦斯抽取方法[J].煤炭科学技术,2004,32(增):54-57.

[59] 李树刚,林海飞,赵鹏翔,等.采动裂隙椭抛带动态演化及煤与甲烷共采[J].煤炭学报,2014,39(8):1455-1462.

[60] 梁冰,章梦涛.可压缩瓦斯气体在煤层中渗流规律的数值模拟[C]//中国北方岩石力学与工程应用学术会议论文集.北京:科学出版社,1991.

[61] 孙培德,鲜学福.煤层气越流的固气耦合理论及其应用[J].煤炭学报,1999,24(1):60-64.

[62] 孙培德,万华根.煤层气越流固—气耦合模型及可视化模拟研究[J].岩石力学与工程

学报,2004,23(7):1179-1185.

[63] 梁运培.邻近层卸压瓦斯越流规律的研究[J].矿业安全与环保,2000,27(2):32-35.

[64] 梁运培.岩石水平长钻孔抽放邻近层瓦斯[J].煤矿安全,2000,9(1):6-9.

[65] 程远平,俞启香,袁亮.上覆远程卸压岩体移动特性与瓦斯抽采技术[J].辽宁工程技术大学学报,2003,22(4):483-486.

[66] 程远平,俞启香,袁亮,等.煤与远程卸压瓦斯安全高效共采试验研究[J].中国矿业大学学报,2004,33(2):132-136.

[67] 林海飞.综放开采覆岩裂隙演化与卸压瓦斯运移规律及工程应用[D].西安:西安科技大学,2009.

[68] 刘洪永.远程采动煤岩体变形与卸压瓦斯流动气固耦合动力学模型及其应用研究[D].徐州:中国矿业大学,2010.

[69] 肖峻峰,张德万,卢平,等.走向高抽巷布置参数分析与瓦斯抽采工程实践[J].天然气工业,2012,32(5):81-84.

[70] 刘如铁,张继高.走向高抽巷抽放瓦斯技术研究[J].中国矿业,2012,21(1):122-124.

[71] 许福利.顶板高抽巷在鸡西矿区的应用[J].煤炭技术,2010,29(3):127-128.

[72] 李文权.煤层顶板走向钻孔瓦斯抽放技术的应用[J].煤炭技术,2006,(6):76-78.

[73] 郑艳飞,杨胜强,李付涛,等.走向高抽巷抽采在阳泉三矿的应用[J].煤炭技术,2010,29(9):101-103.

[74] 李迎超,张英华,熊珊珊.东庞矿瓦斯抽放参数优化数值模拟[J].有色金属(矿山部分),2011,63(3):55-65.

[75] 李月奎.在低透气性煤层利用倾斜高抽巷抽放邻近层瓦斯[J].煤矿安全,1994(6):13-15.

[76] 郑艳飞,杨胜强,张园园,等.倾斜高抽巷瓦斯抽采在阳泉五矿的应用[J].煤炭技术,2010,29(1):102-105.

[77] 杨宏民,夏会辉,睢国慧,等.伪倾斜后高抽巷配合走向高抽巷瓦斯抽放技术[J].煤炭科学技术,2011,39(12):40-43.

[78] 贾天让,薛明理,史小卫.煤层顶板高抽巷瓦斯抽放技术在"三软"厚煤层综放工作面的应用[C]//瓦斯地质理论与实践——中国煤炭学会瓦斯地质专业委员会第五次全国瓦斯地质学术研讨会论文集,2005.

[79] 谢劲松,李晓东.超化煤矿"三软"厚煤层高抽巷瓦斯抽放技术[C]//瓦斯地质与瓦斯防治进展,2007.

[80] 崔永杰,王成,张香山.后伪高抽巷治理综放面初采瓦斯在三矿的应用[J].煤炭技术,2009,28(4):97-99.

[81] 郭有慧,屈庆栋,张吉林,等.后伪高抽巷治理综放面初采瓦斯[J].煤矿安全,2006,37(12):7-9.

[82] 樊玉安,何重伦,黄文忠,等.1115高位巷"一巷两用"在建新矿的实践[J].江西煤炭科技,2009(2):10-16.

[83] 颜智,李树清,汤铸.瓦斯抽采"一巷两用"技术[J].矿业工程研究,2010,25(4):33-35.

[84] 李晓华,韩真理,李臣武,等.高位巷一巷两用瓦斯抽采技术研究与应用[J].煤炭科学

技术,2012,40(8):51-54.

[85] 石开阳.高位巷一巷两用瓦斯抽采技术应用研究[J].广州科技,2013(8):131-132.

[86] 王岚.钻孔测斜技术发展现状及展望[J].安全高效煤矿地质保障技术及应用,2008
(3):390-392.

[87] 郭爱煌,张典荣.顺煤层钻孔监测系统研究报告[R].西安:煤炭科学研究总院西安研究
院物探所,1998.

[88] 汤国起,肖申泗.钻孔测斜技术的现状与开发应用前景[J].探矿工程(增刊).1999:
235-238.

[89] 李恒堂,雷宝林,杨光明.我国煤矿地质保障系统技术发展现状和前景[J].煤田地质与
勘探,2005(增刊):9-13.

[90] 姚宁平.我国煤矿井下近水平定向钻进技术的发展[J].煤田地质与勘探,2008,36(4):
78-79.

[91] 潘仁杰.螺杆钻具控制井斜的理论分析与应用研究[D].成都:西南石油学院,2003.

[92] 袁亮.松软低透煤层群瓦斯抽采理论与技术[M].北京:煤炭工业出版社,2004.

[93] 煤炭科学研究院抚顺研究所.煤矿抽放瓦斯技术译文集[M].北京:煤炭工业出版
社,1984.

[94] 石智军.煤矿井下——钻探技术应用的广阔天地探矿工程[J].探矿工程(岩土钻掘工
程),2006,33(3):5.

[95] 郝世俊.孔底马达在我国煤矿井下水平钻进中的应用前景[J].煤田地质与勘探,2004,
32(2):64-67.

[96] 石智军.煤矿井下千米瓦斯抽采钻孔施工装备及工艺技术研究[R].西安:煤炭科学研
究总院西安研究院科学技术报告,2008.

[97] 王红胜,李树刚,双海清,等.外错高抽巷高位钻孔卸压瓦斯抽采技术[J].中南大学学
报,2016,47(4),1319-1326.

[98] 水利水电科学研究院.岩石力学参数手册[M].北京:水利电力出版社,1991.

[99] 许家林,钱鸣高,马文顶.岩层移动模拟研究中加载问题的探讨[J].中国矿业大学学报
(自然科学版),2001,30(3):252-255.

[100] 俞启香.矿井瓦斯防治[M].徐州:中国矿业大学出版社,1992.

[101] 周世宁,林柏泉.煤层赋存与流动理论[M].北京:煤炭工业出版社,1998.

[102] 阳泉高瓦斯易燃煤层高产高效综放面瓦斯综合治理技术研究与应用[R].阳泉煤业集
团有限责任公司,2001.

[103] 王林.铜川焦坪矿区顶板走向高抽巷合理层位研究[D].焦作:河南理工大学,2009.

[104] 解俊祥,王红胜,樊启文,等.卸压瓦斯抽采钻孔终孔合理位置确定方法[J].煤矿安
全,2015,46(9):16-19.

[105] 双海清,王红胜,李树刚,等.覆岩采动卸压瓦斯高位钻孔抽采技术[J].西安科技大学
学报,2015,35(6),682-687.

[106] 苏现波,刘晓,马保安,等.瓦斯抽采钻孔修复增透技术与装备[J].煤炭科学技术,
2014,42(6):58-60.

[107] 郝世俊,石智军,叶根飞,等.抽放瓦斯弯曲钻孔施工技术[J].煤炭科学技术,2002

(5):13-15.

[108] 杨华忠.井下仰角钻孔测井方法技术试验研究[D].淮南:安徽理工大学,2013.

[109] 杨伟为.基于 DSP 的陀螺连续测斜仪设计[D].西安:西安科技大学,2011.

[110] 李番军.连续测斜仪研究[D].哈尔滨:哈尔滨工业大学.2006.

[111] 詹文彬.智能钻孔测斜仪设计[D].成都:西南交通大学,2009.

[112] 王红胜,杜政贤,樊启文,等.外错高抽巷卸压瓦斯抽采钻孔测斜与纠偏技术[J].煤炭科学技术,2015,43(8):77-81.